智能建筑与绿色建筑的
发展与应用研究

赵小春　陈定涛　龙　梅　著

哈尔滨出版社
HARBIN PUBLISHING HOUSE

图书在版编目（CIP）数据

智能建筑与绿色建筑的发展与应用研究／赵小春，
陈定涛，龙梅著. -- 哈尔滨：哈尔滨出版社，2025. 5.
ISBN 978-7-5484-8537-7

Ⅰ．TU18；TU-023

中国国家版本馆 CIP 数据核字第 202540WW76 号

书　　名：**智能建筑与绿色建筑的发展与应用研究**
ZHINENG JIANZHU YU LÜSE JIANZHU DE FAZHAN YU YINGYONG YANJIU

作　　者：赵小春　陈定涛　龙　梅　著
责任编辑：李金秋

出版发行：哈尔滨出版社（Harbin Publishing House）
社　　址：哈尔滨市香坊区泰山路 82-9 号　邮编：150090
经　　销：全国新华书店
印　　刷：北京鑫益晖印刷有限公司
网　　址：www. hrbcbs. com
E - mail：hrbcbs@ yeah. net
编辑版权热线：（0451）87900271　87900272
销售热线：（0451）87900202　87900203

开　　本：787mm×1092mm　1/16　印张：11.75　字数：203 千字
版　　次：2025 年 5 月第 1 版
印　　次：2025 年 5 月第 1 次印刷
书　　号：ISBN 978-7-5484-8537-7
定　　价：58.00 元

凡购本社图书发现印装错误，请与本社印制部联系调换。
服务热线：（0451）87900279

前　　言

随着气候变化的加剧和可持续发展理念的普及,建筑行业正面临前所未有的变革。智能建筑与绿色建筑,作为建筑领域的新兴方向,正逐渐成为研究的焦点。智能建筑凭借高度集成化、智能化的特点,融合信息技术、物联网、大数据等先进技术,优化了建筑功能,实现了能源的高效利用。而绿色建筑则强调在全生命周期内节约资源、保护环境,致力于构建与自然和谐共生的建筑生态。智能建筑通过智能化系统的集成应用,精准控制并优化管理建筑能耗,有效降低了能源浪费与碳排放。同时,它还能根据居住者的实际需求,提供个性化、舒适的居住环境,提升了生活品质。绿色建筑则更注重建筑与环境的和谐共生,从设计、施工到运营、拆除回收,始终将资源节约与环境保护放在首位。通过采用高效节能设备、优化布局结构、提高材料利用率等措施,实现了建筑全生命周期的低碳环保。智能建筑与绿色建筑的发展与应用研究具有重要意义。在理论层面,该研究有助于深化对两者内涵与特征的理解,探索融合发展的路径与模式,为建筑领域的可持续发展提供科学依据与理论支撑。在实践层面,该研究推动技术创新与应用,促进建筑行业向环保、节能、高效方向发展。

本书内容共十二章,围绕智能建筑与绿色建筑展开系统性研究。第一章至第三章为基础理论部分,分别阐述智能建筑与绿色建筑的定义、特点、原则,以及二者的关联,还探讨了智能建筑技术体系、绿色建筑设计施工策略。第四章和第五章聚焦能源管理与环境适应性,涵盖能源管理系统、优化策略、利用技术,以及建筑环境适应性分析、调控技术和生态景观设计。第六章至第八章关注运营管理与环境影响评估,包括智能化运营管理模式、运营维护策略、经济效益分析,以及环境影响评估的基本概念、方法和两类建筑的环境影响与效益评估。第九章至第十二章探讨材料与装备、维护与更新、综合效益评估及新兴技术趋势,涉及智能与绿色建筑材料装备、维护更新策略技术、综合效益评估方法和新兴技术前沿与应用挑战。

目　　录

第一章　智能建筑与绿色建筑基础理论

第一节　智能建筑的定义与特点

一、智能建筑的定义

　　智能建筑作为现代建筑技术演进的关键方向,是信息技术与建筑艺术深度交融的创新成果。从学术维度剖析,智能建筑构建于系统集成方法论之上,通过智能型计算机技术、通信技术及信息技术的协同整合,实现了与建筑艺术的有机融合。这种融合不仅局限于对建筑内部各类设备的自动化监控与高效管理,更延伸至信息资源的深度整合与针对使用者的定制化信息服务层面。智能建筑的本质特征在于其"智能性",这一特性赋予建筑以感知环境变化、传输数据信息、存储记忆经验、执行推理分析、做出判断决策的能力,进而形成一个人、建筑与环境的动态平衡的和谐共生体。它超越了传统物理空间的范畴,演化为一个集成前沿信息技术的智能系统,能够为用户提供高效、舒适、安全、便捷且可持续的功能环境。在智能建筑的框架下,技术不再是孤立的存在,而是与建筑功能、用户需求及环境适应性紧密相连,共同塑造了一个响应迅速、灵活多变且具备高度自适应能力的建筑生态系统。

二、智能建筑的特点

(一)安全性

1. 多层次的安防体系

　　智能建筑安防体系呈现出显著的多层次特性,其安防系统由周界防范、出入口控制及室内监控等多个维度构成,各维度之间协同运作,共同筑牢建筑安全防线。周界防范系统作为建筑安全的第一道屏障,依托红外对射、电子围栏等先进技术,对建筑外围实施全方位、不间断的实时监测。该系统能够精准识别非法入侵行为,并即时触发警报机制,有效遏制潜在的安全威胁。出入口控制系统则通过门禁卡、生物识别等身份验证手段,对进出建筑的人员进行严格的权限管理。该系统不仅能确保只有授权人员进入建筑,还能通过详细的出入记录,为安全审计和事件追溯提供有力支持。室内监控系统则利用高清监控摄像头,对建筑内部各个区域进行无死角、全天候的实时监控。该系统能够实时捕捉建筑内的异常行为,并通过智能分析技术,对潜在的安全风险进行预警和处置,从而确保建筑内部的安全与秩序。

2. 智能化的报警与响应机制

智能建筑所配备的报警与响应机制具备高度的智能化特性。在安防系统监测到异常状况时,该机制能够迅速激活报警程序,以即时通知相关责任人员介入处理。此报警机制不仅能确保异常事件的及时发现,还能通过高效的信息传递网络,为后续的应急响应赢得了宝贵时间。同时,智能建筑依据预先设定的应急预案,能够自主启动一系列响应措施。这些措施包括但不限于自动关闭门窗以阻隔外部威胁、启动消防系统以控制火势蔓延等,旨在通过自动化的手段,在最短时间内对异常事件做出有效应对,从而最大限度地降低潜在损失。该智能化报警与响应机制的运作,依赖于先进的传感器技术、数据分析能力以及自动化控制系统。这些技术的集成应用,使得智能建筑在面对各类安全威胁时,能够展现出高度的自适应性和应对能力。

(二)高效性

1. 自动化的设备控制

智能建筑内部署的各类设备,诸如照明系统、空调系统以及电梯系统等,均实现了高度自动化控制。这一控制机制依托于先进的传感器技术与智能算法,使得设备能够依据实时环境参数及使用需求,自主调节运行状态。以照明系统为例,其通过内置的光线传感器与人体感应装置,能够精准感知室内光线强度及人员活动情况,进而自动调节灯光亮度与开关状态,既满足了使用需求,又避免了不必要的能源损耗。空调系统同样如此,它依据室内温度与湿度的实时数据,智能调整运行模式与风速大小,以维持室内环境的舒适度,同时实现能源的高效利用。这种自动化的设备控制方式,不仅能显著提升设备的运行效率,还能通过精准控制减少能源的浪费。它代表了智能建筑在节能减排、提升用户体验方面的重要进展,体现了建筑技术与信息技术的深度融合。

2. 优化的资源利用

智能建筑借助集成化能源管理系统,对建筑内部能源使用进行全方位监测与精细化调控。该系统依托高精度传感器与先进数据分析技术,能够实时追踪建筑内各区域的能源消耗动态,深入剖析能源使用的合理性与效能水平,并据此提出针对性的节能优化策略。在能源供应端,智能建筑积极拓展可再生能源的应用边界,通过整合太阳能光伏板(见图1-1)、风力发电装置等清洁能源设施,构建多元化的绿色能源供应体系。这些可再生能源的有效利用,不仅显著降低了建筑对传统化石能源的依赖程度,还大幅减少了碳排放,为建筑运营注入了可持续的发展动力。通过能源管理系统的智能调控与可再生能源的协同供给,智能建筑在保障能源安全稳定供应的同时,实现了能源利用效率的显著提升与环境影响的最小化。

图1-1　太阳能光伏板

(三)舒适性

1. 智能化的环境控制

　　智能建筑所配备的环境控制系统,具备依据室内实时环境状况自主调节温度、湿度及空气质量等关键参数的能力,旨在为使用者营造一个高度舒适化的室内空间。该系统通过集成高精度传感器与智能算法,能够实时感知室内微环境的变化,并据此做出精准响应。在夏季高温时段,环境控制系统可自动调控空调系统,优化制冷效率,确保室内温度维持于人体感觉舒适的区间,有效缓解因高温带来的不适感。而在冬季寒冷季节,系统则能智能启动地暖或暖气片等供暖设备,迅速提升室内温度,为使用者提供温暖宜人的环境。此环境控制系统的智能化特性,不仅体现在对单一环境参数的精准控制上,更在于其能够实现多参数间的协同优化,确保室内环境在温度、湿度及空气质量等方面均达到最佳平衡状态。

2. 人性化的设计

智能建筑在设计阶段便深度融入人性化考量，秉持以用户为中心的设计理念，力求在功能与体验间寻求最佳平衡点。其空间规划注重合理性，通过科学布局确保各功能区域既相互独立又高效连通，同时优化通风系统与采光设计，利用自然风与日光营造健康舒适的室内微环境。在家具与设备配置方面，智能建筑严格遵循人体工程学原理，从尺寸规格到操作界面均进行精细化设计。家具的曲线与支撑结构贴合人体自然形态，减少长时间使用带来的疲劳感；设备的操控面板布局合理，按键反馈灵敏，确保使用者能够轻松上手并高效完成操作。这种人性化设计不仅提升了建筑的使用舒适度，更在无形中增强了使用者的归属感。它体现了智能建筑在追求技术创新的同时，始终将人的需求与体验放在首位，通过细节处的精心打磨，为使用者打造一个既高效便捷又温馨宜人的空间环境。

（四）可持续性

1. 节能技术的应用

智能建筑在设计与建造阶段，广泛采纳了一系列前沿节能技术，旨在显著降低建筑能耗与碳排放，并提升能源利用效率。其中，高效隔热材料的运用，有效阻隔了外界温度波动对室内环境的影响，减少了因温度调节而产生的能源消耗。智能照明控制系统则依据室内光线强度及人员活动情况，动态调整照明亮度与开关状态，避免了不必要的电力浪费。同时，节能型空调系统的引入，通过优化制冷制热循环与智能温控策略，实现了空调设备的高效运行与能耗降低。这些节能技术相互协同，共同构建了一个低能耗、高舒适度的建筑环境。此外，智能建筑还通过建筑信息模型（BIM）等数字化工具，对节能技术进行综合评估与优化，确保各项技术在建筑全生命周期内发挥最大效能。

2. 可再生能源的利用

智能建筑在能源供应体系中积极融入可再生能源利用策略，通过在建筑顶部等适宜位置部署太阳能电池板、风力发电装置等清洁能源设施，实现太阳能、风能等自然能源向电能的高效转化，为建筑内部提供稳定可靠的电力支持。此类可再生能源的整合应用，不仅显著降低了建筑对传统化石能源的依赖程度，还通过减少化石燃料燃烧过程中的碳排放，有效缓解了建筑运营对环境的负面影响。同时，由于可再生能源具有取之不尽、用之不竭的特性，其长期利用可大幅降低建筑的能源采购成本，增强建筑运营的经济性与可持续性。智能建筑在可再生能源利用方面还注重技术创新与系统集成，通过优化能源转换效率、提升储能系统性能等手段,确保可再生能源的稳定供应与高效利用。

(五)智能化集成

1. 多系统的集成与协同

智能建筑内部署的各智能系统间达成了深度集成与高效协同,构建起一个有机统一的智能化运行体系。其中,建筑设备自动化系统凭借实时监测与精准控制功能,确保各类设备处于最优运行状态;通信自动化系统则作为信息枢纽,实现建筑内外信息的无缝传输与高效交互;办公自动化系统则通过集成化办公平台,为使用者提供便捷高效的办公环境与信息服务。这些系统依托先进的信息网络与接口技术,实现了数据资源的共享与深度交互。通过数据互通与业务协同,各系统能够实时响应建筑运行中的各类需求,自动调整运行策略,从而显著提升建筑的整体运行效能与智能化管理水平。此集成化协同模式不仅优化了建筑内部资源配置,还提高了建筑应对复杂环境变化的能力。

2. 智能化的决策支持

智能建筑展现出强大的智能化决策支持能力,其通过深度挖掘与分析建筑内部各类数据与信息,为使用者提供精准、科学的决策依据。在能源管理领域,智能建筑依托实时能源消耗监测与市场需求动态分析,能够智能生成节能优化方案及能源采购策略,助力使用者实现能源成本的有效控制与资源的高效利用。在安全管理方面,智能建筑则凭借安防系统的全方位监测与异常事件的智能分析,及时发出安全预警并提供针对性的应急处理建议,从而显著提升建筑的安全防范能力与应急响应速度。此智能化决策支持体系不仅体现了智能建筑在数据处理与分析方面的技术优势,更彰显了其在提升建筑管理效率与决策科学性方面的重要价值。

(六)信息互联互通

1. 高速的信息网络

智能建筑构建了高速且稳定的信息网络架构,涵盖局域网(LAN)与广域网(WAN)等关键网络形态。此类信息网络以卓越的数据传输效能与可靠性,为建筑内部各类智能系统及设备提供了坚实的数据交互支撑,确保了信息流通的实时性与准确性。局域网作为建筑内部信息交互的骨干网络,实现了各智能系统间的高速数据共享与协同工作,有效提升了建筑管理的整体效率。而广域网则通过连接外部网络资源,为智能建筑提供了更为广阔的信息获取与交互平台,提高了建筑与外部环境的联动能力。此信息网络架构不仅满足了智能建筑对数据传输速度与质量的高标准要求,还通过优化网络拓扑结构与传输协议,提升了网络的抗干扰能力与稳定性。其高效、可靠的数据传输特性,为智能建筑实现智能化管理、自动化控制及信息化服务提供了有力保障。

2. 信息的共享与交互

智能建筑内部各智能系统与设备间构建了高效的信息共享与交互机制。建筑设备自动化系统能够实时将设备运行状态及故障预警信息传输至远程监控中心,实现设备管理的即时响应与精准维护。同时,办公自动化系统则通过标准化接口与协议,将文件、邮件等关键业务信息与其他系统进行无缝对接与共享,促进了建筑内部信息的流通与整合。此信息共享与交互模式不仅显著提升了建筑的整体运行效能,还通过提高各系统间的协同工作能力,实现了建筑管理的智能化与精细化。各系统间信息的实时互通与业务协同,使得建筑能够更灵活地应对复杂多变的环境需求,优化资源配置,降低运营成本。此外,该机制还通过数据融合与分析,为建筑管理者提供了更为全面、深入的决策支持,推动了智能建筑向更高水平的智能化与集成化方向发展。

(七)适应性强

1. 自适应的控制算法

智能建筑内部署的各智能系统,均融入了自适应控制算法,以实现对建筑环境参数的动态响应与智能调节。此类算法能够依据建筑内部实时工况及需求变化,自动调整系统运行策略,优化控制参数。例如,空调系统可依据室内温湿度波动,智能切换运行模式并调节风速,以维持室内环境的舒适度;照明系统则能结合室内光照强度与人员活动状态,自动调节灯光亮度及开关时序,实现节能与照明的双重目标。自适应控制算法的应用,不仅能显著提升智能系统的运行效能,还能通过动态优化控制策略,增强系统的稳定性与可靠性。该算法能够实时感知环境变化,快速做出响应,有效避免了传统控制方法中因参数固定而导致的控制滞后与能耗浪费问题。

2. 可定制的服务功能

智能建筑创新性地引入了可定制服务功能,旨在精准对接不同使用者的个性化需求。该功能允许使用者依据自身偏好与特定需求,灵活调整建筑内部的环境参数设置,如温度、湿度、光照等,并定制个性化的信息服务内容,如资讯推送、日程管理等。此可定制服务模式不仅显著提升了使用者的满意度与舒适度,还通过满足多样化需求,增强了智能建筑的市场竞争力与适应性。

它打破了传统建筑服务模式的单一性与局限性,赋予了使用者更大的自主权与选择空间,使建筑服务更加贴合个人习惯与期望。同时,可定制服务功能也体现了智能建筑在人性化设计与技术创新方面的深度融合。通过智能化手段,建筑能够感知并响应使用者的个性化需求,实现服务内容的动态调整与优化。

(八) 维护管理便捷

1. 远程监控与维护

智能建筑依托远程监控技术(见图1-2),实现了对建筑内部各类设备与系统的实时状态监测与高效管理。维护人员借助远程监控中心,可跨地域对建筑设备进行全天候监控与故障诊断,精准识别潜在故障并及时采取处置措施。此远程监控与维护模式显著提升了维护工作的响应速度与执行效率,通过实时数据反馈与智能分析,维护人员能够迅速定位故障根源,减少故障排查时间,从而有效缩短设备停机周期。同时,该模式还大幅降低了维护成本,减少了现场巡检频次与人力投入,优化了维护资源配置。此外,远程监控技术还通过数据积累与分析,为设备的预防性维护提供有力支持。通过对设备运行数据的深度挖掘,可提前预测设备性能衰退趋势,制订针对性的维护计划,进一步延长设备使用寿命,增强建筑整体运行的可靠性。

图1-2　远程监控技术

2. 智能化的维护管理系统

智能建筑集成了智能化的维护管理系统,该系统具备对建筑内部设备进行全方位维护管理的能力。维护管理系统能够基于设备的实时运行状态及历史故障记录,智能生成精准的维护计划与针对性的维修建议,实现预防性维护与故障处理的有机结合。同时,该系统还具备维护过程的实时监控与详细记录功能,通过数据追踪与分析,确保维护工作的规范化执行与高效完成。此功能不仅提升了维护工作的透明度与可追溯性,还为后续维护策略的优化提供了数据支持。智能化的维护管理系统通过自动化、智能化的管理手段,显著增强了设备维护的及时性与准确性,降低了设备故障率,延长了设备使用寿命。其全面、细致的维护管理特性,为智能建筑的高效运行提供了坚实保障,同时也推动了建筑维护管理向智能化、精细化方向发展。

第二节　绿色建筑的定义与原则

一、绿色建筑的定义

绿色建筑并非局限于传统认知中仅注重建筑外观植被覆盖或屋顶绿化设计的单一模式,而是贯穿于建筑全生命周期的综合性理念。从学术研究视角剖析,绿色建筑强调在建筑规划、施工、运行、维护及拆除等各个阶段,均需遵循科学原则与系统设计方法,以实现资源的高效利用与环境负荷的最小化。具体而言,其通过优化设计方案与技术手段,达成能源节约、土地集约利用、水资源循环利用及建筑材料减量化等目标,同时注重降低建筑活动对生态环境的负面影响,有效控制污染排放。绿色建筑的核心价值在于营造既满足人类健康需求又具备功能适用性与空间使用效率的品质环境,促进建筑实体与自然环境之间的动态平衡与有机融合,形成共生共荣的可持续发展模式。此理念不仅体现了建筑学科对环境保护的主动担当,更彰显了人类追求生态文明与科技进步协同发展的深层智慧。

二、绿色建筑的原则

(一)节约资源原则

1. 资源高效利用

绿色建筑秉持资源集约利用理念,通过系统性设计策略与技术集成,实现建筑全生命周期资源消耗的最小化。其核心在于构建建筑本体与资源环境之间的动态平衡关系,通过建筑形态参数优化、围护结构热工性能提升及能源系统耦合设计,显著降低建筑运行阶段的化石能源依赖。在资源循环维度,强调材料选型的生态属性评估,优先选用具有生物基特性或可逆解构能力的建材,推动建筑废弃物资源化利用路径的拓展。在技术实施层面,建筑系统呈现出多维度协同特征:被动式节能技术通过空间布局与构造设计实现自然采光与通风效能的最大化;主动式能源系统则依托高效设备选型与智能控制策略,形成供需动态匹配的能源供给网络。水资源管理体系采用分级利用与原位处理技术,构建雨水收集、中水回用与灰水处理的闭合循环链条。材料应用体系注重全生命周期评估,通过模数化设计与标准化生产,提升建筑部品的可拆解性与再加工潜力,促进资源代谢过程的减量化与再循环。

2. 全生命周期管理

绿色建筑践行全周期资源管控范式,将资源效率优化贯穿于建筑存续过程的各离散阶段,形成从规划设计到解体处置的闭环管理体系。在前期决策阶段,通过建筑信息模型技术实现物质流与能量流的数字化预演,构建多目标约束下的资源消耗优化模型。施工建造环节采用预制装配与模块化施工技术,通过构件标准化设计和现场装配精度控制,降低材料损耗与施工废弃物产生。建筑解体阶段作为资源循环的关键节点,着重构建系统化拆解技术与逆向物流体系。通过材料组分识别与可拆解性评估,制定分级回收技术路线,促进混凝土、钢材等大宗建材的再生利用,以及保温材料、装饰构件的高值化改性。废弃物处置过程遵循物质循环代谢原理,采用物理破碎、化学分解等梯级处理技术,实现建筑垃圾向再生骨料、路基材料等次级资源的转化。

(二)保护环境原则

1. 减少污染排放

绿色建筑通过环境友好型技术集成与材料革新,系统性降低建筑运行阶段污染物的释放强度。在材料应用层面,优先选用环境负荷低的建材产品,通过控制材料中有害物质的释放特性,从源头遏制挥发性有机化合物、半挥发性有机物及重金属等污染物的扩散路径。室内环境质量保障体系采用分级控制技术,结合材料表面涂覆、微胶囊封装等改性工艺,实现污染物释放速率的精准调控。水环境管理系统则构建多级屏障防护体系,通过源分离技术、生物处理工艺与膜分离技术的协同作用,实现污水中有机物、营养盐及新兴污染物的深度去除。在能源系统优化方面,采用分布式能源供给与余热回收技术,减少化石燃料燃烧产生的颗粒物、硫氧化物及氮氧化物等大气污染物排放。建筑运行过程通过智能环境控制系统,动态调节室内温湿度、新风量等参数,在保障人体健康舒适度的同时,降低空调系统运行引发的臭氧前体物排放。这种污染物协同控制模式不仅增强了建筑本体的环境兼容性,更推动了建筑行业与城市生态系统的良性互动。

2. 生态修复与补偿

绿色建筑秉持生态系统平衡理念,针对建设活动引发的生态扰动,构建多维度生态修复与功能补偿技术框架。在受损水体修复领域,采用流体力学调控与生物群落重建相结合的方法,通过基底地形重塑、水生植物群落配置及微生物强化技术,恢复水体的自净能力与水文连通性。针对建设过程导致的生境破碎化问题,实施生态廊道构建工程,运用景观生态学原理规划绿化网络,通过设置植被缓冲带与修复物种栖息地,提升区域生物多样性的保护效能。生态补偿机制强调功能替代与过程恢复,采用碳汇林营建、土壤改良及湿地修复等技术手段,补偿建设活动造成的生态服务功能损失。生物多样性保护体系注重原生植被保育与外来物种防控,通过乡土植物优选与群落结构优化,提高生态系统的抗干扰能力与恢复力。这种生态修复模式不仅消弭了建设活动的环境负效应,更通过生态基础设施的完善,提升了区域生态系统的服务价值与稳定性。

(三)健康舒适原则

1. 室内环境优化

绿色建筑以人居环境健康为导向,构建多维度室内环境品质提升技术体系。在材料选用层面,建立环境友好型建材评价模型,通过控制材料中有害物质的释放特性,从源头降低挥发性有机化合物、放射性污染物等健康风险因子的暴露水平。空间规划策略融合建筑物理学原理,采用功能分区优化与流线组织设计,实现声环境分区控制与热湿环境动态平衡。通风系统设计基于计算流体力学模拟,构建自然通风与机械通风协同作用模式,通过气流组织优化提升室内新风供给效率与污染物稀释能力。采光体系运用光环境模拟技术,结合导光管(见图1-3)、反光板等装置设计,实现自然采光与人工照明的耦合调控,降低眩光污染并提升视觉舒适度。水质保障体系则集成末端净化设备与管网优化技术,通过水质在线监测与多级过滤工艺,确保生活用水符合健康标准。这种环境品质提升模式通过多物理场耦合分析与健康影响评估,形成声、光、热、空气品质等环境参数的协同优化方案。技术实施过程注重全周期环境性能验证,采用后评估机制持续改进室内环境质量,为居住者提供符合生理与心理需求的健康空间,推动建筑环境从功能满足型向健康促进型转变。

2. 人性化关怀

绿色建筑以人为本设计理念为核心,构建行为需求导向的空间优化体系。

图1-3　导光管

在功能规划层面,运用环境行为学理论开展用户行为模式分析,通过空间句法与流线模拟技术,建立功能分区与动线组织的量化评价模型,实现空间尺度与人体工效学的动态适配。无障碍环境营造遵循全龄友好原则,集成通用设计策略与包容性技术,通过坡道坡度优化、扶手系统配置及标识系统强化,消除不同能力群体的使用障碍。空间品质提升聚焦感知体验优化,采用视觉舒适度模型与声景设计理论,调控空间比例关系与界面材质特性,营造具有心理愉悦感的场所环境。人体工程学应用延伸至细部设计,通过家具尺度适配、设备操作界面优化及热环境参数精细化调控,提升使用过程中的生理舒适度。环境交互设计引入智能感知技术,构建人—建筑—环境多向反馈机制,实现照明、通风等环境参数的个性化调节。

(四)建筑节能设计原则

1. 被动式设计

绿色建筑依托被动式技术体系实现能源效率跃升,通过建筑本体形态参数优化与微气候调控,构建低能耗运行的技术范式。在形态设计维度,运用生物气候图分析方法,结合太阳轨迹模拟与风环境解析,确定建筑最佳朝向与体量组合,形成有利于自然采光与通风的空间构型。围护结构设计采用热工性能动态优化策略,通过窗墙比精细化调控与遮阳构件参数化设计,实现太阳辐射的季节性平衡。自然通风系统基于计算流体力学模拟,构建多尺度气流组织模式,利用风压与热压的耦合效应提升室内新风供给效率。采光体系融合导光技术与反射构件设计,通过光路优化与光环境模拟,实现昼间照明能耗的显著降低。热环境调控采用相变储能材料与热延迟型围护结构,通过热量时空转移降低空调系统峰值负荷。该技术体系通过建筑本体性能提升替代部分主动式能源系统,形成具有气候适应性的被动式能量平衡机制。实施过程注重性能化设计与验证,采用能耗模拟软件与现场实测数据对比校核,确保设计策略与实际运行效果的契合度。

2. 主动式技术

当被动式技术体系难以达成建筑能耗约束目标时,绿色建筑可引入主动式能源调控技术,构建多层级能源效率提升方案。主动式技术系统聚焦能源转化、传输与消费全链条优化,采用高效热泵机组与冷热电联供系统,通过能源梯级利用原理提升一次能源转化效率。智能控制体系运用建筑自动化系统与物联网技术,建立环境参数动态响应机制,实现空调、照明等末端设备的精准调控与协同优化。能源管理系统集成大数据分析与人工智能算法,构建建筑能耗预测模型与自适应优化策略,通过设备运行模式动态切换降低用能峰值。可再生能源耦合系统采用太阳能光伏、地源热泵等分布式能源技术,结合储能装置构建微电网系统,实现建筑用能的自给率提升与碳足迹削减。该技术路径通过主动式设备性能提升与系统级优化,弥补被动式技术的局限性,形成建筑能源系统的弹性调节能力。实施过程注重技术经济性评价与全生命周期成本分析,确保主动式技术应用的能效收益与投资回报平衡。

(五)经济性原则

1. 成本效益分析

绿色建筑决策过程需构建全周期成本效益评估框架,实现环境绩效与经济可行性的协同优化。技术经济分析采用净现值与内部收益率等动态评价指标,量化节能技术、环保材料应用等增量成本的长期收益。生命周期成本模型覆盖设计、施工、运营及拆除各阶段,通过敏感性分析识别关键成本驱动因素,建立环境效益与经济效益的转换函数。成本优化策略聚焦增量成本效益比提升,采用节能技术边际效益递减规律,确定技术组合的最优阈值。碳减排收益通过碳交易机制与绿色金融支持实现货币化计量,环境外部性内部化过程引入影子价格理论,构建包含生态服务价值的多维度效益评估体系。风险管控机制运用蒙特卡罗模拟与情景分析,评估能源价格波动、技术迭代等不确定性因素对成本效益的影响。全周期管理强调成本效益的动态平衡,通过数字化运维平台实时监测能耗数据,建立运营成本与能效提升的反馈调节机制。技术经济决策模型集成多目标优化算法,在环境目标约束下寻求经济最优解。

2. 适宜技术选择

绿色建筑技术选型需遵循环境适应性原则,构建技术可行性与地域特征相耦合的决策体系。技术适宜性评价采用多维度分析框架,综合考量资源禀赋、气候特征、文化传统等地域要素,建立技术性能与地域约束条件的匹配矩阵。技术路径选择摒弃唯技术论倾向,通过全生命周期评估(LCA)量化不同技术方案的环境负荷与经济效益,识别高技术与低技术组合的最优解空间。本土化材料应用建立材料性能数据库与地域适配模型,通过材料环境足迹分析与碳足迹核算,筛选具有地域特色的可持续建材。传统建造技艺现代化转型运用参数化设计与数字建造技术,实现地域性营造智慧的当代转译。技术集成创新采用模块化设计思维,将地域性技术要素与通用技术体系进行有机整合,形成具有文化认同感的绿色建造范式。技术实施过程注重动态适应性调整,建立技术效果后评估机制与反馈优化路径,通过持续监测与性能验证实现技术方案的迭代升级。这种基于地域特征的技术选择策略,既避免了技术移植的适应性风险,又促进了地域建筑文化的传承创新。

(六) 本土化原则

1. 地域特色融合

绿色建筑创作需构建地域基因解码与转译机制,通过环境适应性设计实现建筑与地域文脉的有机共生。气候适应性设计运用生物气候设计原理,建立气候要素与建筑形态参数的映射关系,在湿热地区通过立体绿化与风道优化提升蒸发冷却效率,干冷地区采用热惰性围护结构与被动式太阳能利用技术调节室内热环境。文化表征体系提取地域建筑语汇,运用形态拓扑学与符号学方法,将传统空间原型与建造逻辑转化为现代设计语言,实现文化记忆的当代转译。经济可行性路径建立技术选择与地域经济承载力的匹配模型,通过全生命周期成本分析筛选适宜性技术方案,优先采用本地材料与低碳工艺降低建造成本。资源利用策略遵循地域物质循环规律,构建建筑废弃物循环利用体系与本土材料供应链,形成具有地域特色的资源代谢网络。

2. 地方材料利用

绿色建筑选材体系应构建地域性物质循环网络,优先选用具有环境适应性的本土材料。材料环境负荷评估采用生命周期评价方法,量化材料开采、加工、运输等环节的资源消耗与生态影响,建立材料环境性能数据库与地域适配模型。本土材料优选机制基于地域资源禀赋分析,筛选具有低隐含碳、可循环特性的地方性建材,通过材料性能优化与工艺创新提升其在现代建筑中的应用效能。运输能效提升策略运用物流网络优化算法,通过本地化供应链构建降低材料运输半径,采用联合运输与分布式仓储模式减少运输过程碳排放。地域性材料应用建立传统工艺与现代技术的融合机制,通过材料改性研究与数字化建造技术,实现夯土(见图1-4)、竹材(见图1-5)等乡土材料的性能提升与标准化应用。材料循环体系构建基于产业共生理论,建立建筑废弃物再生利用与本土材料生产系统的物质流耦合,形成"资源—产品—再生资源"的闭环代谢路径。

图 1-4　夯土　　　　　　　　　　　图 1-5　竹材

(七)创新性与前瞻性原则

1. 技术创新

绿色建筑创新体系应构建多学科交叉的技术突破路径,聚焦前沿科技在建筑领域的融合应用。节能技术研发采用纳米材料科学与相变储能技术,开发具有动态热响应特性的新型围护结构体系,通过微观结构调控实现热工性能的跃升。能源管理系统创新集成物联网与人工智能算法,构建建筑能源流动态感知网络,运用数字孪生技术实现能耗模式的预测性优化。环保材料创新建立材料基因组数据库,通过高通量计算筛选与定向合成技术,开发具有自修复、光催化等智能特性的环境友好型建材。设计理念革新引入空间句法理论与参数化设计方法,构建环境性能驱动的建筑生成模型,实现形态生成与能效优化的协同演进。技术转化机制构建产学研用协同创新平台,通过技术成熟度(TRL)评估与示范工程验证,加速创新成果的工程化应用。创新评价体系采用多维度价值分析框架,综合考量技术创新性、环境效益与经济可行性,建立技术优选决策模型。

2. 前瞻性规划

绿色建筑发展需构建时空维度耦合的前瞻性规划框架,运用情景分析与趋势预测方法,建立环境变量与建筑性能的动态响应模型。气候适应性规划采用区域气候模型与建筑气候响应模拟技术,量化极端气候事件频发背景下的建筑热工性能衰减规律,制定弹性设计策略。人口动态预测引入系统动力学模型,结合城镇化进程与家庭结构演变趋势,确定建筑空间需求与功能配置的适应性阈值。技术预见体系建立关键技术路线图,通过技术成熟度曲线与专利分析,识别建筑节能、水资源管理等领域的颠覆性技术发展方向。全生命周期规划运用建筑信息模型(BIM)与数字孪生技术,构建涵盖规划、设计、运营、改造的全周期决策支持系统,实现建筑性能动态优化与资源代谢平衡。规划实施机制建立多主体协同治理架构,通过利益相关者分析与博弈模型,协调政府、开发者、使用者等多元主体的价值诉求。这种基于未来情景推演的前瞻性规划范式,通过不确定性管理与弹性设计策略,为建筑应对复杂系统变化提供了科学决策方法。

第三节　智能建筑与绿色建筑的关联

一、技术层面的关联

(一)能源管理技术的融合

智能建筑与绿色建筑在能源管理技术方面存在着深度的融合。智能建筑通过能源管理系统(EMS),能够实时监测建筑内各种能源的消耗情况,包括电力、燃气、水等。该系统利用传感器、智能仪表等设备收集数据,并通过先进的数据分析算法,对能源的使用模式进行评估和预测。绿色建筑则注重采用节能技术和可再生能源,如太阳能光伏发电、地源热泵系统等。智能建筑的能源管理系统可以与这些绿色能源技术相结合,实现对可再生能源的高效利用和优化配置。例如,当太阳能光伏发电系统产生的电能过剩时,智能能源管理系统可以自动将多余的电能储存起来或反馈到电网中;当能源需求高峰时,系统可以优先调用储存的电能或可再生能源,减少对传统能源的依赖,从而提高建筑的能源利用效率,降低碳排放。

（二）环境监测与控制技术的协同

环境监测与控制技术是智能建筑与绿色建筑共同关注的领域。智能建筑配备了先进的环境监测系统，能够实时监测建筑内的空气质量、温湿度、光照强度等环境参数。这些监测数据不仅可以为居住者提供舒适的室内环境，还可以为建筑的能源管理提供重要依据。绿色建筑强调室内环境质量与室外自然环境的和谐共生。智能建筑的环境监测与控制系统可以根据绿色建筑的要求，自动调节建筑内的通风、空调、照明等设备，以实现对室内环境的精准控制。例如，当室内空气质量不佳时，智能通风系统可以自动启动，引入新鲜空气；当室外光照充足时，智能照明系统可以自动调暗或关闭室内灯光，充分利用自然光。通过这种协同作用，智能建筑与绿色建筑共同营造了一个健康、舒适、节能的室内环境。

（三）建筑设备与自动化技术的互补

建筑设备自动化技术是智能建筑的核心技术之一，它实现了对建筑内各种设备的集中控制和自动化管理。通过建筑设备自动化系统（BAS），可以对空调、通风、给排水、电梯等设备进行实时监测和控制，提高设备的运行效率，降低设备的能耗。绿色建筑中的许多节能设备和技术，如高效节能的空调机组、智能水泵等，需要与建筑设备自动化技术相结合，才能充分发挥其节能效果。智能建筑的建筑设备自动化系统可以根据绿色建筑设备的特点和运行要求，制定优化的控制策略，实现设备的智能运行。例如，对于高效节能的空调机组，自动化系统可以根据室内外温度、湿度等参数，自动调整机组的运行频率和送风量，使机组始终在最佳工况下运行，从而提高能源利用效率。

二、功能层面的关联

（一）提供舒适健康的室内环境

智能建筑与绿色建筑在提供舒适健康的室内环境方面具有共同的目标。智能建筑通过先进的环境监测与控制系统，能够实时调节室内环境的各项参数，如温度、湿度、空气质量等，为居住者创造一个舒适宜人的居住和工作环境。绿色建筑则强调使用环保、健康的建筑材料，减少室内空气污染，提高室内环境质量。智能建筑可以与绿色建筑的材料选择相结合，通过智能化的手段进一步优化室内环境。例如，智能建筑可以利用传感器监测室内空气质量，当检测到有害气体超标时，自动启动空气净化设备；同时，智能照明系统可以根据室内光照强度和人员活动情况,自动调节灯光亮度和颜色,减少视觉疲劳,提高居住者的舒适度和健康水平。

(二)实现建筑的高效运行与管理

智能建筑通过集成化的信息管理系统,实现了对建筑内各种设备和系统的集中监控和管理。建筑管理者可以通过中央控制室实时了解建筑设备的运行状态、能源消耗情况等信息,及时发现和解决设备运行中出现的问题,提高建筑的运行效率和管理水平。绿色建筑在运行过程中也需要高效的管理来保证其节能目标的实现。智能建筑的信息化管理系统可以为绿色建筑的管理提供有力的支持。例如,通过对建筑能源消耗数据的实时监测和分析,智能管理系统可以发现建筑中的能源浪费问题,并提出相应的改进措施;同时,智能建筑还可以实现对建筑设备的远程监控和维护,减少人工巡检和维护的工作量,降低管理成本。

(三)增强建筑的安全性与可靠性

智能建筑与绿色建筑都注重建筑的安全性与可靠性。智能建筑通过安全防范系统,如门禁系统、视频监控系统、入侵报警系统等,为建筑提供了全方位的安全保障。这些系统可以实时监控建筑内的人员活动和设备运行情况,及时发现和处理各种安全隐患。绿色建筑在设计和施工过程中,也会考虑建筑的结构安全和防灾减灾能力。智能建筑的安全防范系统可以与绿色建筑的安全设计相结合,进一步增强建筑的安全性和可靠性。例如,在火灾发生时,智能建筑的火灾自动报警系统可以及时发现火灾隐患,并自动启动消防设备进行灭火和疏散人员;同时,智能建筑还可以通过对建筑结构的实时监测,及时发现结构安全隐患,并采取相应的措施进行处理,确保建筑的安全使用。

三、设计理念层面的关联

(一)以人为本的设计理念

智能建筑与绿色建筑都秉持以人为本的设计理念。智能建筑通过提供智能化的服务和舒适的室内环境,满足居住者的各种需求,提高居住者的生活品质和工作效率。例如,智能建筑可以实现家居的自动化控制,居住者可以通过手机或平板电脑远程控制家中的电器设备、照明系统等,实现便捷的生活体验。绿色建筑则强调关注居住者的健康和福祉,通过使用环保材料、优化室内环境等方式,为居住者提供一个健康、安全的居住空间。智能建筑与绿色建筑在以人为本的设计理念上相互融合,共同致力于为居住者创造一个更加美好的生活环境。例如,在绿色建筑中引入智能健康监测系统,可以实时监测居住者的健康状况,如心率、血压等,并将数据反馈给居住者和医疗机构,为居住者的健康提供保障。

(二)可持续发展的设计理念

可持续发展是智能建筑与绿色建筑共同追求的目标。智能建筑通过提高能源利用效率、优化资源管理等方式,减少建筑对环境的负面影响,实现建筑的可持续发展。例如,智能建筑可以采用智能能源管理系统,对建筑内的能源进行精细化管理,降低能源消耗;同时,智能建筑还可以通过对建筑废弃物的分类处理和回收利用,减少建筑垃圾的产生。绿色建筑则从建筑的全生命周期出发,强调在建筑的设计、施工、运营和拆除等各个阶段都要遵循可持续发展的原则。智能建筑与绿色建筑在可持续发展的设计理念上相互促进,共同推动建筑行业向绿色、低碳、循环的方向发展。例如,在绿色建筑的设计中,可以充分利用智能建筑技术,实现对建筑能源的高效利用和资源的优化配置,增强建筑的可持续性。

(三)整体设计的设计理念

智能建筑与绿色建筑都强调整体设计的设计理念。智能建筑需要将各种智能化系统和设备进行集成,实现系统的协同工作和信息共享。这就要求在建筑的设计阶段,就要充分考虑各个系统之间的兼容性和互操作性,采用统一的标准和协议。绿色建筑则需要综合考虑建筑的选址、布局、朝向、围护结构等因素,实现建筑与周边环境的和谐共生。智能建筑与绿色建筑在整体设计理念上相互融合,共同打造一个高效、环保、舒适的建筑整体。例如,在建筑的设计过程中,可以将智能建筑的系统设计与绿色建筑的节能设计相结合,通过优化建筑的布局和围护结构,增强建筑的节能性能,同时为智能建筑系统的安装和运行提供良好的条件。

四、发展趋势层面的相互促进

(一)技术创新的推动

随着信息技术的不断发展和创新,智能建筑的技术水平也在不断提高。新的传感器技术、通信技术、数据分析技术等不断涌现,为智能建筑的发展提供了强大的技术支持。同时,绿色建筑也在不断探索新的节能技术和环保材料,以增强建筑的绿色性能。智能建筑与绿色建筑在技术创新方面相互促进。智能建筑的技术创新可以为绿色建筑的发展提供新的手段和方法,例如,利用物联网技术实现对建筑设备的远程监控和管理,提高绿色建筑的运行效率;利用大数据分析技术对建筑的能源消耗和环境数据进行深入分析,为绿色建筑的优化设计提供依据。绿色建筑的技术创新需求也会推动智能建筑技术的发展,例如,为了满足绿色建筑对可再生能源的高效利用需求,智能建筑需要不断研发新的能源管理技术和控制策略。

(二)市场需求的引导

随着人们环保意识的增强和对生活品质的追求,市场对智能建筑与绿色建筑的需求也在不断增加。消费者越来越倾向于选择具有智能化功能和绿色环保特点的建筑产品。这种市场需求引导着智能建筑与绿色建筑的发展方向。建筑开发商和设计师为了满足市场需求,会不断加大对智能建筑与绿色建筑的研发和应用力度。同时,市场需求也会促使智能建筑与绿色建筑不断融合,推出更加符合消费者需求的建筑产品。例如,一些高端住宅项目将智能建筑的智能化系统与绿色建筑的节能技术相结合,打造出了既舒适又环保的居住空间,受到了消费者的广泛欢迎。

第二章 智能建筑技术体系研究

第一节 智能化系统的构成与功能

一、智能化系统构成

(一)建筑设备自动化系统

1. 空调通风系统控制

空调通风系统作为建筑能耗的关键构成部分,其运行效率对建筑节能至关重要。智能化系统凭借先进的控制策略,能够对空调通风系统实施精细化调控。在环境参数调节方面,智能化系统可依据建筑内外环境的动态变化,如温度、湿度等热湿参数以及人员密度等使用状况,精准调整空调设备的运行模式与风速设定。通过实时感知环境状态并自动匹配最优运行参数,有效避免了因过度制冷、制热或通风不足造成的能源浪费,实现了空调系统(见图2-1)的节能高效运行。对于通风系统,智能化控制同样展现出显著优势。基于室内空气质量实时监测数据,系统能够动态调节新风量与排风量,确保室内空气品质符合健康标准。这种智能调节机制不仅维持了室内空气的清新度,还通过精准控制通风量降低了通风能耗。智能化系统通过整合环境感知、数据分析与自适应控制功能,实现了空调通风系统的全工况优化运行,在提升建筑环境舒适性的同时,显著降低了建筑能耗。

2. 给排水系统控制

给排水系统的智能化管控聚焦于水泵、水箱、阀门等核心设备的自动化运行。基于实时采集的水位、水压等关键参数,智能化系统能够动态调整水泵的运转频率与阀门的开启程度,从而确保给排水系统在复杂工况下维持稳定可靠的运行状态。这种自适应调节机制通过闭环反馈控制,有效消除了传统人工操作带来的滞后性与不确定性,显著提升了系统响应速度与运行精度。在资源循环利用层面,智能化系统展现出多维调控能力。其不仅能够对雨水收集系统进行全流程监控,还可以通过智能算法优化中水回用系统的运行参数。

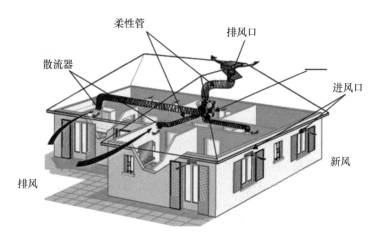

图2-1 空调通风系统示意图

具体而言,系统可根据实时气象数据与用水需求预测,自动调节雨水收集装置的启闭时序,并精准控制中水处理设备的运行负荷。这种精细化管控策略在保障水质安全的前提下,最大限度地实现了水资源的梯级利用,有效增强了建筑水循环系统的整体效能。

3. 照明系统控制

照明系统的智能化调控依据多元场景与动态需求,实现光环境参数的自适应优化。通过集成环境光学传感器与人体活动监测装置,系统可实时监测自然光照强度及空间使用状态,进而动态调整人工照明的亮度输出与光谱特性。在日照充足时段,系统通过闭环反馈机制自动抑制室内照明负荷,维持人眼适应的舒适照度区间;在低活动密度时段,则通过智能算法识别非必要照明区域,实现设备级精准关断,有效规避无效能耗。该调控体系还具备时空维度上的扩展控制能力,支持基于预设时程的照明场景切换与跨物理空间的远程协同管理。通过嵌入式时钟模块与物联网通信协议,系统可自主执行分时分区照明策略,例如办公区域在非工作时间自动切换至低功耗待机模式。管理人员借助统一监控平台,能够实时获取各节点照明设备的运行状态,并远程实施参数修正或应急控制。

（二）能源管理系统

1. 能源消耗监测

能源管理系统通过部署多类型传感器与数据采集终端,对建筑内部电力、燃气、水等能源介质的实时消耗状态进行全维度监测,并将结构化数据通过有线/无线传输网络汇聚至中央控制平台。该系统采用时序数据库技术对海量能耗数据进行高效存储与预处理,为后续深度分析提供可靠数据支撑。基于数据挖掘与模式识别算法,建筑能源管理者可获取多维度能耗特征信息。系统支持空间维度上的区域能耗对比分析,能够精准定位高耗能功能分区;在时间维度上可自动识别周期性能耗峰值区间,揭示设备运行与用能行为的时序关联。通过构建设备级能耗基准模型,系统能够量化评估空调机组、照明系统等重点用能设备的能效水平,识别异常能耗模式。这种基于数据驱动的能耗诊断方法为节能策略的制定提供了科学依据。管理者可依据能耗热力图与设备能效评估结果,制定差异化的节能改造方案,例如优化设备运行参数、调整照明控制策略或实施分区能源管控。

2. 能源优化控制

能源管理系统依据能耗监测数据,通过智能算法对建筑设备运行参数进行动态优化。在电力负荷高峰时段,系统采用需求响应策略,自动触发设备分级关停机制,优先关停非核心负载设备或调整高耗能设备至低功耗模式,从而有效削减峰值电力需求。该过程通过实时功率平衡算法实现,确保电力消耗与供电能力动态匹配。针对燃气能耗异常工况,系统运用燃烧优化控制技术对锅炉运行参数进行自适应调节。通过在线监测烟气成分、热效率等关键指标,结合机器学习模型预测最佳空燃比与燃烧工况,系统可实时调整燃料供给量与配风比例,提升燃烧过程的能量转化效率。这种闭环控制机制通过持续修正运行参数偏差,显著降低燃气不完全燃烧损失与热传导损耗。能源管理系统的参数优化功能基于多目标协同控制架构,在保障建筑功能需求的前提下,实现能源效率与设备寿命的双重优化。

3. 能源分析与预测

能源管理系统具备能耗数据深度分析与趋势预测能力,可为建筑能源管理提供科学化的决策依据。系统采用时间序列分析、机器学习等算法,对历史能耗数据进行多维度特征提取与模式识别,构建动态能耗预测模型。该模型通过捕捉建筑用能行为的时空特征及外部环境驱动因素,实现对未来能耗趋势的精准预估,其预测精度可通过交叉验证与误差分析持续优化。基于预测结果,系统可生成多维度的能源管理决策建议。在能源采购层面,通过量化分析不同时段、不同能源介质的预测消耗量,辅助管理者制定分时分区采购策略,优化能源储备结构以降低采购成本。在节能目标设定方面,系统结合建筑能效基准与能耗增长趋势,提出差异化的节能改进路径,明确关键节能指标与实施优先级。该决策支持体系通过可视化界面与定制化报告实现信息有效传递,帮助管理者快速把握能源系统运行状态。其动态反馈机制可实时修正预测模型参数,确保决策建议与建筑实际用能需求保持高度契合。

(三)环境监测系统

1. 空气质量监测

空气质量监测作为环境感知系统的核心功能模块,专注于室内环境中 CO_2、甲醛、苯类等典型污染物的浓度表征。该系统通过部署高精度气体传感器阵列,结合光谱分析与电化学检测技术,实现对多组分污染物的同步监测与定量解析。当监测数据超出预设的环境质量标准阈值时,系统触发分级预警机制,通过声光信号与数字通信接口向管理终端实时推送异常信息。联动控制模块依据污染物浓度梯度与空间分布特征,自动调控通风系统的运行参数。系统采用智能算法优化换气策略,动态平衡新风引入量与污染物稀释效率,确保室内空气质量指数维持在健康阈值范围内。在极端污染工况下,系统可启动应急通风模式,通过提高换气速率与延长运行时长实现污染物的快速清除。该监测—预警—控制闭环体系通过多物理场耦合建模与实时数据驱动,有效保障了室内环境的空气质量安全。其自适应调节能力可应对不同污染源特性与空间使用场景。

2. 温湿度监测

温湿度监测通过分布式传感网络实现室内小气候参数的实时感知,为空调通风系统的动态调控提供数据支撑。该系统采用高精度数字温湿度传感器,结合无线传输技术构建空间连续监测场,可解析温湿度参数的时空分布特征。当监测数据偏离人体热舒适域阈值时,系统触发自适应控制机制,通过调节空调送风温度、湿度及风量参数,实现室内热湿环境的精准调控。控制算法基于热湿耦合传递模型与预测控制理论,建立温湿度响应面模型,实时优化设备运行参数。在湿度异常工况下,系统可联动除湿/加湿装置,通过湿度梯度控制维持空气品质;在温度波动场景中,采用变风量调节与再热回收技术,平衡能耗与热舒适性需求。这种多变量协同控制策略有效抑制了室内温湿度的动态偏差,确保环境参数稳定在人体生理耐受区间内。

3. 噪声监测

噪声监测通过分布式声级计阵列实现建筑空间声环境的实时感知,为环境噪声控制提供数据基础。系统采用频谱分析与声压级计量技术,对建筑内各功能区的等效连续 A 声级进行动态监测,当监测值超出预设的声环境质量标准时,触发多级预警机制。声光报警模块通过数字通信接口向管理终端推送异常信息,同时联动控制模块启动主动降噪策略。降噪措施实施基于声源定位与传播路径分析,系统通过调节高噪声设备的运行参数,如降低风机转速、优化设备振动隔离等,从声源端削减噪声发射强度。对于既有声传播路径,系统可动态调控隔声屏障、吸声材料的配置状态,通过增加声阻抗失配实现传播损耗增强。在复杂声场环境中,采用自适应滤波算法对特定频段的噪声进行主动抵消。该监测—预警—控制体系通过多物理场耦合建模,实现声环境质量的闭环管理。其动态响应能力可应对人员活动密度变化、设备运行工况波动等扰动因素,有效维持室内声压级在人体健康耐受阈值范围内。

(四)安全防范系统

1. 门禁系统

门禁管控系统通过建筑出入口的物理访问控制,实现人员与车辆的有序通行管理。系统集成多模态生物识别技术,包括射频识别(RFID)卡验证、指纹特征匹配及面部图像识别等认证手段,构建多层次身份核验体系。仅当访问请求通过预设的权限认证规则时,电控门锁装置方执行开启动作,实现出入口的物理通断控制。该系统的访问控制模块采用基于角色的访问控制(RBAC)模型,支持动态权限分配与分级管理。生物特色数据库通过加密存储与实时比对技术,确保身份识别的准确性与安全性。所有通行事件均被记录于安全审计日志,包含时间戳、访问位置及认证结果等关键信息,形成完整的时空轨迹链。日志分析模块运用数据挖掘技术,对通行模式进行异常检测与行为分析。通过构建人员流动热力图与车辆进出频次统计,系统可识别潜在的安全风险并触发预警机制。这种基于数据驱动的访问管控体系,不仅提升了建筑空间的安全防护等级,更为安全事件的溯源分析提供了可靠证据链。

2. 视频监控系统

视频监测体系通过在建筑空间部署高清成像设备,实现人员行为与设备状态的实时可视化感知。系统采用分布式网络摄像机阵列,结合智能视频分析算法,对监控区域进行全天候动态扫描。当检测到预设的异常行为模式或设备故障特征时,触发事件驱动型视频录制机制,对关键时段的影像数据进行加密存储与索引标记。异常事件识别基于多目标跟踪与深度学习模型,可解析人员聚集密度、运动轨迹突变及设备振动异常等特征参数。系统通过时空关联分析构建事件演化模型,当特征参数超出正常阈值范围时,自动生成结构化报警信息,并通过安全专网推送至管理终端。报警信息包含事件类型、发生位置及风险等级等关键属性,支持多级预警响应机制。该监控体系采用边缘计算与云计算协同架构,在保障数据隐私的前提下实现高效处理。视频流数据经本地预处理后,仅上传关键特征信息至云端分析平台,有效降低网络带宽占用。

3. 入侵报警系统

入侵监测预警系统通过在建筑周界及关键防护区域部署多谱段探测装置,实现非法入侵行为的实时感知与精确定位。系统采用被动红外(PIR)传感器与微波多普勒探测器协同工作模式,构建空间立体防护网络。当探测器捕获到异常运动特征或环境扰动信号时,触发多级信号融合处理机制,通过特征模式识别算法区分自然干扰与人为入侵行为。报警决策模块基于隐马尔可夫模型对时序信号进行行为意图解析,当判定为非法入侵事件时,立即启动声光报警装置,并通过安全通信协议向监控中心发送结构化报警信息。信息包含入侵发生位置、运动轨迹预测及风险等级评估等关键参数,支持三维空间可视化呈现。该系统的探测灵敏度与抗干扰能力通过自适应阈值调整算法实现动态优化,可有效抑制环境噪声与小动物活动引发的误报。报警响应延迟控制在毫秒级,确保安全管理人员能够实时获取入侵事件详情。

(五)信息设施系统

1. 信息基础设备系统

信息基础设施系统是绿色建筑实现智能化服务的关键支撑体系,其架构涵盖结构化布线网络、数据通信网络、语音传输网络、多媒体分发网络及公共广播网络等子系统。综合布线系统采用模块化拓扑结构,通过标准化接口实现多类型信号传输介质的物理集成,为上层应用系统提供高带宽、低延迟的传输通道。计算机网络系统基于软件定义网络架构,构建具备弹性扩展能力的IP网络,支持物联网设备接入与云计算服务对接。电话通信系统采用IP语音技术,实现语音通信的数字化与网络化,兼容传统模拟电话终端的平滑迁移。有线电视系统通过混合光纤同轴(HFC)网络,提供高清晰度视频节目传输与交互式增值服务。广播系统采用网络化音频矩阵技术,实现分区广播、紧急广播及背景音乐播放的智能化管理。各子系统通过统一的管理平台实现资源调度与协同控制,采用开放标准协议保障系统之间的互操作性。该设施体系通过冗余设计与故障自愈机制,确保信息服务的连续性与可靠性,为建筑使用者提供高效、便捷的数字化生活环境。

2. 综合布线系统

结构化布线系统作为信息基础设施的物理承载平台,为建筑空间内各类智能终端提供标准化信号传输通道。该系统采用分层星型拓扑架构,通过主配线区、水平配线区及工作区的模块化分区设计,实现语音、数据、视频等多业务信号的统一承载。其开放式架构支持铜缆与光纤介质的混合部署,采用RJ45、LC等标准化接口,确保不同厂商设备的即插即用。模块化设计理念体现在系统组件的标准化与预制化,配线架、线缆管理器等硬件单元支持热插拔操作,便于快速部署与维护。系统带宽容量通过 OM3/OM4 多模光纤与 Cat6A 屏蔽铜缆的组合配置,可承载万兆以太网的传输需求。其扩展性通过模块化交叉连接(MC)与区域配线箱(ZDB)的级联设计实现,支持建筑功能分区的动态调整。

3. 计算机网络系统

计算机网络系统为建筑空间内的终端用户提供高带宽、低时延的数据通信服务,构建支持多业务融合传输的数字化平台。该系统采用分层分布式架构,通过核心层、汇聚层与接入层的三级组网模式,实现千兆到桌面、万兆到骨干的传输能力。基于 IEEE 802.3 标准的有线与无线融合网络,支持 TCP/IP 协议簇的端对端通信,保障数据包的可靠传输与服务质量控制。系统功能覆盖企业资源规划、客户关系管理等办公自动化应用,以及基于 SSL/TLS 协议的电子商务交易系统。通过 IP 组播技术实现高清视频会议与远程教学系统的部署,支持 H.265 编码格式的视频流实时传输。网络虚拟化技术将物理网络资源抽象为逻辑切片,为不同业务提供隔离的通信通道,确保关键应用的性能保障。系统安全机制包含访问控制列表、虚拟专用网络及入侵检测系统,通过深度包检测技术防范网络攻击与数据泄露。网络管理系统采用简单网络管理协议进行设备状态监控与故障预警,确保网络服务的连续性与可用性,该体系为建筑智能化应用提供高效、安全的底层通信支撑。

二、智能化系统功能

(一)提高能源利用效率

建筑智能化系统通过设备自动化控制与能源动态优化策略,实现建筑能效的显著提升。楼宇自控系统基于多源环境感知数据,构建温湿度、光照强度等参数的实时映射模型,通过预测控制算法自动调节空调机组、新风系统等设备的运行状态。该过程采用模型预测控制与自适应反馈机制,动态优化设备启停策略与运行参数,有效抑制能源供需不匹配导致的浪费现象。能源监测与管理系统运用物联网技术构建分层计量网络,通过智能电表、流量计等终端设备实现能耗数据的细粒度采集。系统采用时间序列分析与聚类算法,识别能耗异常模式与高耗能设备清单,结合建筑信息模型进行空间能耗热力图可视化。基于数据挖掘结果,制定分时段、分区域的差异化节能策略,如负荷平移、设备能效优化等。系统协同工作机制通过开放通信协议实现子系统间的数据交互,构建能源—设备—环境的闭环控制体系。动态电价响应模块结合实时电价信号与储能系统状态,优化能源采购与使用计划。

(二)优化室内环境质量

环境感知与调控系统通过多参数监测网络实时获取室内环境状态信息,构建包含空气品质指数、热湿环境参数及声压级等指标的动态数据库。系统采用分布式传感器阵列与无线传输技术,实现 PM2.5、CO_2 浓度、温度、湿度及噪声频谱等参数的同步采集,采样频率达到分钟级响应精度。基于模糊逻辑控制算法,将监测数据与 ASHRAE 标准阈值进行比对分析,自动触发空调机组、新风系统及加湿除湿设备的协同调节。空气处理单元通过变风量控制与再热回收技术,实现温湿度参数的精准调控。噪声主动控制模块采用自适应滤波算法,在声源传播路径中生成反相声波进行抵消。光照环境优化系统结合光生物效应模型,通过可调光谱 LED 灯具实现色温与照度的个性化调节,同步控制电动遮阳装置以平衡自然采光与热增益。该体系通过建筑自动化系统实现各子系统的深度集成,采用预测性控制策略预判环境变化趋势。

(三)增强建筑安全性

安全监控与应急响应系统通过多模态感知网络对建筑空间进行全域态势感知,实时解析人员行为模式与设备运行状态。系统采用生物特征识别与射频识别技术构建智能门禁管控体系,通过动态权限矩阵实现人员及车辆的分级准入控制,有效阻断未授权访问路径。视频监测模块运用深度学习算法对监控影像进行实时分析,可识别异常聚集、物品遗留等风险事件,生成结构化报警日志并推送至安全管理平台。火灾预警子系统基于分布式光电感烟探测器与温度传感网络,构建多维度火情监测矩阵。采用复合判据算法融合烟雾浓度、温度梯度及 CO 浓度等参数,显著降低误报率。当检测到火情时,系统自动触发声光报警装置,联动消防水泵、排烟风机等灭火设施,并通过应急广播系统引导人员疏散。疏散路径规划模块结合建筑信息模型(BIM)与实时人员定位数据,动态优化逃生路线指示。该体系通过安全专网实现各子系统的数据融合与协同响应,采用数字孪生技术进行三维可视化态势推演。事件响应机制遵循 PDCA 循环管理模型,从事前预防、事中处置到事后分析形成闭环管控。

（四）提升管理效率

建筑设备智能管控系统通过集成化平台实现多类型机电设备的统一监控与协同管理，显著提升设施运维效能。系统采用分层分布式架构，在中央控制室部署可视化监控终端，实时采集设备运行状态参数与环境监测数据，通过多维数据融合分析构建设备健康度评估模型。异常检测算法基于机器学习技术，可自动识别设备性能衰退趋势与潜在故障模式，生成分级预警信息。远程运维模块依托5G/光纤通信网络，支持管理人员通过移动终端实施设备启停控制、参数调整等操作。故障诊断专家系统结合故障树分析与案例推理技术，快速定位故障根源并提供维修建议。系统自动生成设备维护工单，结合预防性维护策略优化巡检周期，减少人工现场巡检频次。

第二节　关键技术及其应用

一、智能建筑的关键技术

（一）建筑信息模型技术

建筑信息模型（BIM）技术（见图2-2）作为智能建筑领域的核心技术架构，通过构建参数化三维数字模型实现建筑全生命周期信息的集成化管理。该技术基于面向对象的数据模型，将建筑几何信息与非几何属性，如材料特性、构件参数、运维要求等进行关联映射，形成涵盖设计、施工、运维等阶段的动态数据库。在建筑设计阶段，BIM技术通过多专业协同平台实现建筑、结构、机电系统的信息融合，支持并行设计与冲突检测。基于IFC标准的模型交互机制，可自动识别不同专业设计元素间的空间干涉与逻辑矛盾，有效规避施工阶段的设计变更风险。在施工模拟过程中，三维模型+时间维度技术通过虚拟建造推演，优化施工工序与资源配置，降低返工率与材料损耗。建筑运维阶段，BIM模型作为数字化载体，为设施管理提供结构化数据支撑。通过集成传感器监测数据与设备运维记录，构建建筑性能动态评估体系，实现能耗分析、空间管理、设备维护等功能的智能化决策。

（二）物联网技术

物联网技术作为智能建筑实现设备泛在连接与数据融合的关键支撑，通过部署分布式感知与执行终端构建建筑空间数字化感知网络。该技术基于异

图 2-2　建筑信息模型技术

构设备接入协议与边缘计算架构,实现环境参数与设备状态的实时采集与预处理。多模态传感器网络采用分层拓扑结构,通过有线/无线混合组网方式确保数据传输的可靠性与实时性。在智能建筑应用场景中,物联网技术通过设备联动机制实现环境动态调控。基于预设阈值与控制策略,建筑自动化系统(BAS)可自主调节空调、通风、照明等设备的运行状态,维持室内环境热湿舒适度与空气质量标准。例如,通过融合温湿度传感器与 CO_2 浓度监测数据,系统可实施按需通风策略,在保障空气品质的同时降低能耗。物联网平台支持设备全生命周期管理,通过远程监控与智能诊断模块实现设备状态可视化与故障预测性维护。基于数字孪生技术构建的设备健康评估模型,可实时分析设备运行参数,提前识别性能衰退趋势,优化维护计划。

(三)人工智能与机器学习技术

人工智能(Artificial Intelligence,AI)与机器学习(Machine Learning,ML)技术作为智能建筑实现自主优化与智能决策的核心驱动力,通过构建数据驱动的分析模型挖掘建筑运行过程中的复杂关联与潜在规律。这些技术基于深度神经网络、强化学习等算法架构,对多源异构数据进行特征提取与模式识别,形成支持建筑全生命周期管理的知识图谱。在能源管理领域,机器学习算法通过聚类分析与时间序列预测,建立建筑能耗动态模型,实现冷热负荷预测与供能系统优化调度。基于模型预测控制(MPC)策略,系统可动态调整设备运行参数,在保障室内环境质量的前提下降低能耗。设备维护方面,AI技术通过异常检测算法与故障传播模型,对设备退化趋势进行实时评估,实现预防性维护与剩余寿命预测。在安全监控场景中,计算机视觉与模式识别技术可自动识别异常行为模式,结合多传感器融合数据构建威胁评估体系。这些技术通过数据驱动的决策优化,显著提升了建筑运行的能效水平、设备可靠性与安全韧性,推动建筑运维模式向预测性、自主化方向演进。

(四)自动化控制技术

自动化控制技术作为智能建筑实现设备自主运行与智能调控的核心手段,通过集成楼宇自动化系统、智能家居系统等异构控制网络,构建多层级协同控制架构。该技术基于分布式控制系统与现场总线技术,实现对建筑设备的集中监控与分散控制,通过标准化通信协议确保系统间互操作性。在设备控制层面,自动化控制技术采用闭环反馈机制,结合环境参数与人员活动特征,动态调整设备运行参数。基于模型预测控制算法,系统可优化设备启停策略,实现按需供能与舒适度维持的协同平衡。场景模式设置功能通过预设控制策略库,支持不同应用场景的快速切换,例如日间办公模式可联动照明、空调与遮阳系统,夜间节能模式则自动关闭非必要设备并降低基础负荷。

(五)数字孪生技术

数字孪生技术作为智能建筑实现物理实体与数字空间虚实映射的核心范式,通过构建多尺度、多物理场耦合的建筑信息模型,形成支持全生命周期管理的数字镜像。该技术基于物联网感知数据与建筑信息模型(BIM)的深度融合,实现建筑运行状态实时同步与动态推演,为建筑性能优化提供数据驱动的决策支持。在设计优化阶段,数字孪生平台通过参数化建模与多目标仿真,对建筑方案进行能耗分析、采光模拟及结构力学验证,识别设计缺陷并优化空间布局。施工阶段利用 4D-BIM 与数字孪生体融合技术,实现施工进度可视化监控、施工工艺模拟及潜在风险预警,保障工程质量与施工安全。运维管理阶段则依托数字孪生体构建建筑性能数字驾驶舱,集成设备状态监测、环境参数感知与能源管理数据,通过数字主线技术实现故障预测、智能调控与能效优化。

二、智能建筑关键技术的应用

(一)能源管理

能源管理作为智能建筑的核心应用领域,通过物联网、人工智能与机器学习技术的深度融合,构建数据驱动的能源优化体系。该技术架构基于多源异构数据采集网络,实时获取建筑能耗数据,通过边缘计算节点进行初步处理与特征提取。人工智能算法采用深度神经网络与时间序列分析模型,对能耗数据进行模式识别与关联挖掘,揭示建筑用能行为特征与潜在节能空间。机器学习技术通过聚类分析与回归预测,建立建筑能耗动态模型,量化环境参数、设备状态与用能需求之间的耦合关系。基于模型预测控制(MPC)策略,系统可动态优化设备运行参数,实现冷热电联供系统的协同调度与需求侧响应。例如,通过强化学习算法迭代优化设备启停策略,在保障室内环境质量的前提下降低峰值负荷。

(二)环境监测与控制

环境监测与控制作为智能建筑提升室内环境质量的核心技术路径,通过物联网感知网络与自动化控制系统的协同集成,构建动态响应的室内环境管理体系。该技术架构基于多参数环境传感器网络与边缘智能节点的部署,实现环境数据的实时采集与预处理。通过特征提取与异常检测算法,系统可识别环境参数偏离阈值的状态,触发自动化控制策略。基于模型预测控制(MPC)的调控机制,建筑自动化系统动态调整空调、通风设备运行参数,维持热湿舒适度与空气质量标准。该体系通过数据驱动的闭环控制,形成环境参数监测—状态评估—策略优化的动态管理流程。数字孪生技术进一步构建环境仿真模型,支持控制策略先验验证与参数优化。这种技术融合显著提升了室内环境品质,为居住者提供健康、舒适的建筑空间,推动建筑运维向人性化、智能化方向演进。

(三)设备管理与维护

设备管理与维护作为智能建筑保障系统运行效能的核心环节,通过物联网感知网络与人工智能算法的深度融合,构建预测性维护技术体系。该技术架构基于多模态传感器网络与边缘计算节点的部署,实现设备状态参数的实时采集与特征提取。通过时序数据分析与异常检测模型,系统可识别设备退化特征与潜在故障模式,建立设备健康度评估指标体系。机器学习算法采用长短期记忆网络与随机森林模型,对设备运行数据进行模式识别与剩余寿命预测。当监测数据偏离正常阈值时,系统自动触发多级报警机制,向运维终端推送故障诊断报告与维修决策建议。预测性维护系统通过融合设备历史数据与实时状态信息,构建动态风险评估模型,提前规划维护计划与备件库存。该技术体系通过数据驱动的决策优化,显著降低设备非计划停机时间,延长关键设备使用寿命。

(四)安全监控与防范

安全监控与防范作为智能建筑保障人员安全的核心功能,通过物联网感知网络与人工智能算法的协同集成,构建主动式安全防护体系。该技术架构基于多模态传感器网络与边缘智能节点的部署,实现建筑空间安全态势的实时感知与数据融合。通过目标检测算法与行为分析模型,系统可识别异常入侵行为、火灾隐患等风险事件,触发多级报警机制并推送现场影像证据。机器学习技术采用深度卷积神经网络与时空关联分析,对安全数据进行模式挖掘与风险预测。例如,通过融合历史安防数据与实时环境信息,构建威胁评估模型,量化不同区域的安全风险等级。当系统检测到潜在威胁时,自动优化监控资源分配策略,如调整摄像头角度、加强重点区域照明等。

(五)智能家居与办公

智能家居与办公作为智能建筑提升人居品质与工作效率的关键路径,通过物联网感知网络与自动化控制技术的深度融合,构建空间智能化管理体系。该技术架构基于异构设备接入协议与边缘计算节点部署,实现家电设备与办公设施的互联互通与集中管控。在智能家居场景,系统通过用户行为分析模型与场景引擎,实现设备状态自适应调整。基于时序模式挖掘算法,可识别居住者日常活动规律,自动生成离家/回家模式,联动执行安防布防、环境预调节等任务。移动终端应用提供跨平台控制接口,支持远程设备状态监测与参数配置。智能办公系统则集成空间感知网络与资源调度算法,实现会议室预约、环境参数动态优化等功能。

第三节　智能建筑的安全与隐私保护

一、安全与隐私保护技术

(一)网络安全技术

智能建筑在数字化与网络化进程中,面临着日益严峻的网络攻击威胁。为有效防范此类风险,可采用一系列先进的网络安全技术。防火墙作为网络安全体系的基础屏障,通过精细的数据包过滤机制,对进出网络的数据流实施严格管控,从而阻断非法访问企图,确保网络边界的安全。入侵检测系统(IDS)与入侵防御系统(IPS)则构成网络安全的实时监控与响应体系。IDS能够敏锐捕捉网络中的异常行为模式,而IPS则进一步具备主动防御能力,可即时阻断潜在攻击,保障网络环境的稳定与安全。虚拟专用网络技术为智能建筑在公共网络环境中构建安全通信隧道提供了解决方案,通过加密与隧道技术确保数据传输的保密性与完整性,有效抵御数据泄露风险。加密技术作为保障数据安全的基石,通过对数据进行加密处理,使得即便数据在传输过程中遭遇窃取,攻击者亦无法解读其内容。

(二)设备安全技术

在智能建筑环境中,设备安全保障可通过实施设备身份认证与访问控制等关键技术得以实现。设备身份认证机制通过验证设备合法性,确保仅授权设备可接入网络,有效阻断非法设备的接入路径,从而维护网络边界的完整性与安全性。访问控制技术则基于设备身份及其权限级别,对系统资源的访问实施精细化管控,防止设备遭受非法操控或越权访问,保障系统运行的稳定性与数据保密性。此外,构建定期安全漏洞扫描与修复机制是增强设备安全性的重要环节。通过自动化扫描工具与人工审计相结合的方式,可及时发现设备固件、软件及配置中存在的安全缺陷。设备制造商需承担安全责任,及时发布固件更新以修复已知漏洞,而用户亦应积极响应,及时更新设备固件至最新版本,以消除潜在安全风险。此综合安全策略通过身份认证、访问控制及漏洞管理等多维度措施,形成智能建筑设备安全防护的闭环体系,有效抵御外部攻击与内部威胁,确保智能建筑系统的可靠运行与数据安全。

(三)数据安全技术

数据加密技术作为保障数据安全的核心手段,在数据存储与传输环节发挥着至关重要的作用。通过运用加密算法对敏感数据进行加密处理,可有效确保数据的保密性与完整性,防止数据在未经授权的情况下被非法获取或篡改。与此同时,访问控制技术通过实施严格的权限管理策略,仅允许经过身份验证与授权的人员访问特定数据资源,从而进一步降低数据泄漏风险,维护数据访问的合规性。数据备份与恢复技术同样是构建数据安全体系不可或缺的一环。通过定期对关键数据进行备份操作,可在数据遭遇意外丢失、损坏或遭受攻击时,迅速恢复数据至可用状态,最大限度减少数据不可用导致的业务中断与损失。备份策略的制定需综合考虑数据重要性、更新频率及存储介质可靠性等因素,以确保备份数据的完整性与可恢复性。

(四)隐私保护技术

匿名化技术通过特定算法对个人信息进行脱敏处理,使处理后的数据无法直接关联具体个体。在智能建筑场景中,针对居住者行为数据的采集,可应用匿名化技术剥离数据中的个人身份标识,仅保留行为模式特征,从而在保障数据可用性的同时,有效规避个人隐私泄漏风险。差分隐私技术则通过向数据发布流程注入可控噪声,在保持数据整体统计特性的前提下,降低个体数据点的识别精度,为隐私保护提供量化可控的技术保障。访问控制技术通过构建多层级权限管理体系,对隐私数据的访问实施精细化管控。该技术仅允许通过身份验证且具备相应权限的主体访问敏感数据,结合审计追踪机制可完整记录数据访问轨迹,实现隐私泄露事件的可追溯性。针对第三方服务提供商的协作场景,应建立严格的准入审核与持续监管机制,要求其遵循最小必要原则处理隐私数据,并采取加密存储、传输通道保护等技术措施,确保隐私保护责任在数据全生命周期内得到有效落实。

二、安全与隐私保护策略

(一)建立健全安全管理制度

智能建筑管理体系应构建系统化的安全治理框架,通过明确组织架构中各层级的安全责任边界,确立跨部门协同的安全管理职责体系。具体而言,需制定涵盖网络安全、设备安全及数据安全等领域的专项管理规范,形成标准化、可操作的制度文件,为安全管控工作提供明确的准则依据。此类规范应包含风险评估机制、安全审计流程、事件响应预案等核心要素,确保安全管理工作具备全周期闭环管理能力。人员能力建设是安全治理体系的重要支撑。应建立分层级的安全培训体系,针对管理人员、技术人员及普通员工开展差异化培训,重点强化安全法规认知、风险识别能力及应急处置技能。通过定期演练与考核验证,持续提升组织整体的安全素养,使安全意识内化为日常操作的行为准则。同时,需建立培训效果追踪机制,结合安全事件分析动态优化培训内容,确保人员能力建设与技术发展、威胁演变保持同步,为智能建筑的安全运行提供可持续的人力保障。

(二)加强供应链安全管理

在供应商与承包商选择环节,应构建严格的安全资质审查机制,全面评估其安全管理体系、技术防护能力及行业信誉记录。通过形式审查与实质审查相结合的方式,验证其是否具备承接智能建筑项目的安全资质条件,重点核查其安全认证资质、历史安全绩效及合规性证明文件。在此基础上,应与供应商签订具备法律效力的安全责任协议,明确界定双方在设备供应、系统集成及运维服务中的安全权责边界,确立违约追责条款与风险分担机制。针对设备采购与安装流程,应建立全链条安全管控体系。在设备选型阶段,需依据行业安全标准对设备的安全性能进行技术评估,要求供应商提供第三方安全检测报告。在安装实施过程中,应实施全过程质量监控,采用标准化验收流程对设备的安全功能、接口兼容性及防护等级进行逐项测试。通过引入第三方安全检测机构进行独立验证,确保设备最终交付状态符合安全规范要求,从源头消除因设备缺陷引发的安全风险。

(三)增强居住者的隐私保护意识

通过多元化宣传机制与信息披露策略,可系统性提升居住者对隐私保护的认知水平。采用专题宣讲、资料发放等传播手段,向居住者阐释智能建筑在个人信息处理过程中的目的正当性、方式合理性与范围限定性,确保信息主体充分理解数据收集行为的必要性与潜在风险。在此基础上,应建立明示同意机制,通过书面授权协议或数字化确权流程,获取居住者对个人信息处理的明确授权,并完整保留授权记录以供审计追溯。技术层面应构建用户友好的隐私控制体系,为居住者提供可自主配置的隐私选项菜单。该菜单应涵盖数据采集范围选择、第三方共享权限设置、数据保留期限控制等核心功能,支持居住者根据个性化需求动态调整隐私保护策略。通过可视化界面与操作指引,降低技术门槛,使居住者能够便捷行使信息自决权,实现个人信息使用过程的透明化管理与自主性控制。

(四)建立应急响应机制

应构建结构化应急响应体系,制定标准化应急响应预案,明确事件分级标准、处置流程及责任矩阵。预案需涵盖安全事件与隐私泄露等风险场景,细化从事件识别、评估、处置到事后恢复的完整工作链,确立跨部门协同机制与指挥决策路径。通过责任清单化管理,确保各环节权责对应、可追溯。组建专业化应急响应团队,成员应涵盖安全技术、法律合规、公关协调等多领域专家,定期开展多场景应急演练。演练设计需结合威胁情报与风险评估结果,模拟真实攻击路径与数据泄露场景,重点检验响应速度、处置效能及协同能力。通过沙盘推演与红蓝对抗,持续优化预案的可行性与团队响应能力。在事件处置过程中,应建立实时态势感知与动态决策机制,依托安全运营中心实现威胁情报共享与资源调度。采用自动化工具辅助证据固定与影响评估,确保处置措施符合法律合规要求。

(五)加强技术研发与创新

应推动产学研协同创新,激励科研机构与企业深化智能建筑安全与隐私保护技术的基础研究与应用开发。重点聚焦新型加密技术、动态访问控制模型及隐私计算等前沿领域,通过算法优化与工程化创新,持续提升安全防御的智能化水平与隐私保护的精准度。建立跨学科联合攻关机制,整合密码学、网络安全、数据科学等多领域技术资源,构建多层次技术防护体系。针对新兴技术的融合应用,应开展区块链与人工智能在智能建筑场景中的适配性研究。探索分布式账本技术在数据溯源与访问审计中的应用路径,利用智能合约实现安全策略的自动化执行;研究人工智能驱动的威胁检测模型,通过行为分析与异常预测提升主动防御能力。同时,需建立新技术应用的风险评估框架,从技术可行性、合规性、经济性等多维度论证技术方案的适用性,确保创新成果能够有效转化为智能建筑安全防护能力的实质性提升。

第三章 绿色建筑设计与施工策略

第一节 绿色建筑设计理念

一、生态优先

绿色建筑设计理念秉持生态优先的原则,将生态环境保护作为核心要义,着重强调建筑与周边自然生态系统的和谐共生与有机融合。在此理念指导下,建筑不再被视为独立于自然环境之外的人工构筑物,而是被视为生态系统中的一个有机组成部分,与自然环境相互依存、相互影响。为实现这一目标,绿色建筑设计注重合理规划与巧妙设计,力求使建筑能够最大限度地利用自然条件。具体而言,建筑的设计充分考虑阳光照射角度、自然通风路径以及地形地貌特征等因素,通过科学布局和精心构思,减少对自然生态的破坏和干扰,实现建筑与自然的和谐共存。此外,绿色建筑设计还强调建筑的生态补偿功能。这意味着建筑不仅应减少对环境的负面影响,还应积极采取措施改善周边生态环境。例如,通过建筑绿化手段增加绿地面积,增强生态多样性;利用雨水收集系统收集并利用雨水资源,减少城市水资源压力。这些措施不仅有助于提升建筑自身的生态性能,还能对周边生态环境产生积极影响,促进生态平衡的维护与恢复。

二、资源节约

资源节约是构成绿色建筑设计理念的核心理念之一,贯穿于建筑的全生命周期,涵盖规划设计、施工建造、运营维护至拆除回收等各个阶段。在这一过程中,强调对资源的科学合理配置与高效利用,力求实现资源的最大化节约。为实现这一目标,绿色建筑设计积极采纳高效节能的设备与技术,这些技术与设备以其低能耗、高效率的特性,显著降低了建筑在运营过程中的能源消耗。同时,通过对建筑布局与结构的优化设计,如合理规划空间布局,采用有利于自然通风与采光的结构设计等,进一步减少了建筑对能源的依赖。在材料利用方面,绿色建筑设计注重提高材料的利用率,通过精选材料、优化设计方案等措施,减少材料浪费,实现对资源的精打细算。此外,还着重强调对资源的循环利用,鼓励在建筑设计与施工过程中采用可回收、可再生的材料,并积极探索建筑废弃物的再利用途径,以减少建筑废弃物的产生,降低环境负担。

三、因地制宜

绿色建筑设计理念深度融合地域特性,全面考量当地的自然环境条件、气候特征、文化传统习俗及经济发展水平等多重因素,秉持因地制宜的原则进行精心设计与科学规划。鉴于不同地域拥有独特的自然资源和环境属性,建筑设计过程应充分挖掘并巧妙利用当地的优势资源条件,避免盲目移植或复制其他地域的设计范式。在气候炎热的区域,建筑设计应着重强化遮阳与通风效能,通过合理的建筑形态布局、开窗设计以及选用适宜的建筑材料,有效阻挡过量阳光辐射,同时促进自然气流的顺畅流通,以营造宜人的室内环境。相对而言,在气候寒冷的地区,建筑设计则需着重提升保温性能,采用高效的保温材料,优化建筑围护结构,减少热量散失,确保室内温暖舒适。同时,设计还需兼顾当地的文化习俗,使建筑不仅满足功能需求,还能与周边环境及文化氛围相和谐。

四、整体设计

绿色建筑设计理念秉持整体性原则,将建筑视为一个有机统一的整体进行系统考量。在设计过程中,不仅需着重于建筑本体的功能配置与形态塑造,还应充分顾及建筑与周边环境的和谐协调及动态互动关系。规划设计阶段作为建筑设计的起始环节,其重要性不言而喻,在此阶段应全面综合考虑建筑的选址合理性、布局科学性、朝向适宜性以及建筑间距的恰当性等诸多因素,旨在促使建筑与自然环境实现无缝融合,达到天人合一的境界。同时,绿色建筑设计强调建筑各系统间的协同设计理念。建筑作为一个复杂的系统集合体,其内部各系统之间相互关联、相互影响,共同决定着建筑的整体性能与运行效率。因此,在设计过程中应注重各系统之间的优化配置与协同工作,通过科学合理的系统集成与设计创新,提升建筑的整体性能水平,确保建筑在满足使用需求的同时,具备高效、节能、环保等特性。

五、健康舒适

绿色建筑设计理念旨在营造健康宜人的室内环境,确保居住者享有优质的空气品质、适宜的温湿度条件及充足的自然光照与通风。为实现这一目标,建筑设计需精心规划通风系统、采光系统及空调系统,通过科学合理的设计策略,促进空气流通,优化光线分布,调节室内温度与湿度,从而创造出舒适的生活环境。在建筑材料的选择上,绿色建筑强调环保与健康原则,选用低挥发性、无毒害的建筑材料,有效减少室内污染物的释放,保障居住者的身体健康。同时,建筑材料的耐用性和可维护性也是考量的重要因素,以降低建筑使用过程中的环境负担。此外,绿色建筑注重室内空间的合理规划与功能分区,根据居住者的生活与工作需求,科学布局各个功能区域,确保空间利用的高效性与合理性。巧妙的空间设计,不仅能满足居住者的基本生活需求,还能提升居住的舒适度与幸福感,营造出既实用又美观的室内环境。

第二节　绿色建筑设计方法

一、被动式设计方法

被动式设计方法(表2)聚焦于建筑本体特性,依托建筑形态、朝向、布局及构造等固有要素,借助自然通风、自然采光与遮阳等手段,降低对人工设备的依赖程度,达成建筑节能与环保目标。在建筑形态塑造与朝向选择方面,应基于地域气候特征与太阳运行规律,精准确定建筑朝向,合理规划建筑布局。如此可使建筑在适宜时段充分接纳自然光照,减少人工照明使用;同时,借助自然风力实现室内外空气流通,改善室内空气质量,降低空调与通风设备能耗。建筑构造设计亦需融入被动式理念。设置合理的遮阳设施,如挑檐、遮阳板等,可有效阻挡夏季强烈太阳辐射,避免室内温度过高,减少空调制冷负荷。此外,优化建筑围护结构,提升墙体、屋顶与门窗的保温隔热性能,能进一步减少热量传递,维持室内热环境稳定。

二、主动式设计方法

主动式设计方法着重借助前沿建筑技术与设备,依托智能控制、能源管理等途径,提升建筑能效与舒适度水平。在建筑技术运用层面,可引入智能控制系统,该系统能够依据室内外环境参数,如温度、湿度、光照强度等,以及人员活动状况,精准调控设备运行。其通过实时感知环境变化与人员需求,自动调整空调、照明、通风等设备的运行状态,使建筑环境始终处于适宜状态,避免能源浪费。在能源管理方面,采用高效的能源管理系统至关重要。此系统可对建筑能源消耗进行全方位、实时监测,精准掌握能源使用情况。基于监测数据,运用先进算法与优化策略,对能源分配与使用进行动态调整,实现对能源的优化管理。例如,根据不同时段、不同区域的能源需求,合理分配电力、热力等资源,提高能源利用效率,降低建筑整体能耗。

三、集成化设计方法

集成化设计方法注重建筑、结构、设备、管道等多专业的协同合作,以达成建筑整体性能的优化提升。在建筑设计流程中,可运用建筑信息模型(BIM)技术。该技术具备强大的信息集成与共享能力,能将建筑、结构、设备、管道等各专业的数据信息整合于统一平台,通过三维模型直观呈现各专业间的空间关系与交互影响,有效避免设计冲突与错误,显著提高设计效率与精准度,确保设计方案的科学性与可行性。同时,引入协同设计平台具有重要意义。此平台为各专业设计人员提供了实时沟通与协作的桥梁,打破了专业壁垒与信息孤岛。设计人员可及时交流设计思路、反馈问题,依据实时反馈动态调整设计方案,实现各专业间的无缝衔接与协同优化。集成化设计方法以多专业协同为核心,借助 BIM 技术与协同设计平台,实现建筑整体性能的优化,提升建筑设计质量与效率,推动建筑行业向精细化、一体化方向发展。

四、性能化设计方法

性能化设计方法聚焦于建筑性能指标,借助模拟分析与优化设计手段,达成建筑节能、环保与舒适目标。在建筑设计进程中,可运用能耗模拟软件。此类软件能够依据建筑的几何特征、围护结构性能、设备选型及运行策略等因素,对建筑能耗进行精准预测。它能模拟不同设计方案下的能耗情况,识别能耗薄弱环节,进而有针对性地进行优化调整,降低建筑能耗水平,提升能源利用效率。声学模拟软件同样具有重要价值。借助该软件,我们可对建筑的声学性能进行深入分析与评估。它能够模拟室内声场分布、混响时间等声学参数,预测可能出现的声学问题,如回声、噪声干扰等。基于模拟结果,设计人员可优化建筑的空间布局,选用合适的吸声材料与构造,改善建筑的声学环境,提高室内声舒适度。性能化设计方法以性能指标为指引,利用能耗模拟与声学模拟等软件工具,实现建筑性能的优化提升。

第三节 绿色建筑施工技术

一、节能与能源利用技术

太阳能光伏系统作为一种清洁能源利用方式,可将太阳能高效转化为电能,为建筑提供稳定可靠的电力支持,有助于缓解建筑对传统能源的依赖,降低碳排放;地源热泵系统借助地下土壤或水体中蕴含的热能,实现建筑的供暖与制冷功能。该系统通过热交换原理,在冬季将地下热能传递至建筑内部,夏季则将建筑内部热量转移至地下,从而显著降低建筑能耗,提升能源利用效率;自然通风与采光设计是建筑可持续发展的重要策略。通过优化建筑布局、朝向及开口设计,充分利用自然风力和光线,有效减少空调和照明系统的运行时间与能耗。合理的自然通风设计能改善室内空气质量,提升居住舒适度;而科学的采光设计则可满足室内日常采光需求,降低人工照明能耗;建筑围护结构的节能性能对建筑整体能耗起着关键作用。在施工过程中,应着重提升建筑围护结构的保温隔热性能。采用聚氨酯泡沫、岩棉板等高效保温隔热材料对建筑外墙、屋顶和地面进行保温处理,同时选用双层中空玻璃窗、断桥铝合金门窗等节能型门窗,提高门窗的保温隔热性能与气密性,减少热量传递与损失,实现建筑节能目标。

二、节水与水资源利用技术

雨水收集与利用系统作为建筑节水的重要举措,通过合理规划与设置雨水收集设施,对屋面及地面雨水进行高效收集。经沉淀、过滤等简单处理后,将所收集的雨水用于建筑内部的冲洗作业,如地面清洁、车辆冲洗等,也可用于周边绿化区域的灌溉,从而显著减少建筑对自来水的使用量,实现对水资源的有效补充与合理利用。废水回用系统致力于提升建筑水资源的循环利用效率。该系统对建筑内产生的各类废水,如生活污水、盥洗废水等进行集中收集,并运用物理、化学及生物等处理技术,去除废水中的污染物与杂质,使其达到相应的回用水质标准。处理后的废水可再次用于建筑的冲厕、景观补水等非饮用水用途,大幅提高水资源的重复利用率,降低建筑对新鲜水资源的依赖。节水器具的应用是建筑节水的基础环节。选用节水型水龙头、马桶等器具,通过优化其内部结构与工作原理,在保证正常使用功能的前提下,有效减少水资源浪费。例如,节水型水龙头采用限流技术,控制水流量;节水型马桶采用高效冲水方式,降低每次冲水量。

三、节材与材料资源利用技术

新型绿色建材在建筑领域的应用成为推动可持续发展的关键举措。此类建材以环保、可再生或可回收为显著特征,例如竹材凭借其快速生长与可再生特性,成为替代传统木材的理想选择;再生塑料经加工处理后,可制成各类建筑构件,实现资源的循环利用。采用新型绿色建材不仅能减少对自然资源的开采与消耗,还能减少建筑生产与使用过程中的环境污染。预制构件与装配式建筑模式通过工厂化生产实现建筑部件的标准化与精准化制造。此方式大幅减少现场湿作业量,有效避免传统施工方式带来的扬尘、噪声等污染问题。同时,工厂化生产可借助先进的生产技术与设备,提高构件质量与施工效率,精准控制材料用量,减少材料浪费,降低建筑成本。建筑废弃物管理与回收体系对于建筑行业的绿色发展至关重要。通过对建筑废弃物进行科学分类、合理回收与有效再利用,将废弃混凝土(见图3-1)、砖块等加工成再生骨料,用于道路基层铺设或混凝土制备;废旧金属、木材等也可经处理后重新投入建筑生产。

图3-1　废弃混凝土

四、环境保护技术

施工噪声与振动控制是建筑施工过程中环境保护的关键环节。为降低对周围环境的干扰,应优先选用低噪声、低振动的施工设备与工艺。通过优化设备选型,采用先进的减振降噪技术,从源头上减少噪声与振动的产生。同时,合理安排施工时间,避免在居民休息时间进行高噪声、高振动作业,以减轻对周边居民生活的影响。施工扬尘控制对于维护空气质量至关重要。在施工过程中,应采取洒水降尘、物料覆盖等有效措施,减少施工扬尘的产生与扩散。定期对施工现场进行清扫与洒水作业,保持作业面湿润;对易产生扬尘的物料,如砂石、水泥等,采用密闭式储存或覆盖,防止扬尘飞扬。绿化与生态恢复是提升建筑区域生态环境质量的重要手段。在建筑周边合理规划绿化布局,种植各类植被,形成多层次的绿化体系。绿化植被的吸附、过滤作用,可以改善空气质量,降低噪声污染。同时,注重生态恢复,保护原有生态系统,增加建筑区域的生物多样性,促进生态平衡,实现建筑与自然的和谐共生。

五、信息化管理技术

建筑信息模型(BIM)技术作为建筑领域的前沿工具,在建筑设计与施工管理阶段发挥着关键作用。在建筑设计环节,BIM 技术凭借其强大的三维建模与数据整合能力,可构建精确的建筑信息模型,实现各专业间的协同设计与信息共享。通过模拟分析建筑性能,提前发现设计缺陷并进行优化,显著提高设计精度,减少设计变更带来的资源浪费。在施工管理中,BIM 技术能直观呈现施工进度、质量与安全信息,实现施工过程的可视化管理与动态监控,合理安排施工顺序与资源配置,有效提升施工效率,降低施工成本。物联网技术为建筑设备与材料的智能化管理提供了有力支撑。借助物联网技术,我们可将建筑设备、材料等连接至网络,实现实时数据采集与传输。我们通过对设备运行状态的远程监控与数据分析,能及时发现设备故障隐患并进行预警,实现设备的预防性维护,提高设备使用寿命与能源利用效率。同时,物联网技术可对建筑材料进行全生命周期管理,对采购、运输、使用、回收等环节进行实时监控,确保材料质量与安全,优化材料库存管理。

第四章 智能建筑与绿色建筑的能源管理

第一节 能源管理系统概述

一、能源管理系统的内涵

能源管理系统作为智能、绿色建筑行业中的关键支撑技术,是基于现代信息技术、自动化控制技术及数据分析技术构建的综合性体系。该系统聚焦于能源生产、传输、分配与消费全流程,借助实时监控、深度数据分析与智能决策机制,达成能源高效利用与科学管理目标。其核心要义在于提升能源利用效率,削减能源消耗与成本,同时减轻对环境的负面影响,推动行业可持续发展。能源管理系统内涵广泛,不仅包含能源数据的采集、传输、存储与处理等基础环节,还涉及能源设备的精准监控、智能控制与优化调度,以及能源管理策略的科学制定与有效执行。在智能、绿色建筑行业中,构建全面集成的能源管理系统意义重大。通过该系统,可实现对能源资源的精准配置与高效利用,使能源供需动态平衡。这有助于企业精准把控能源使用情况,挖掘节能潜力,降低运营成本,提升经济效益。

二、能源管理系统的系统架构

(一)数据采集层

数据采集层作为能源管理系统的根基,承担着从各类能源设备、传感器以及计量装置中收集能源数据的关键任务。所采集的数据范围广泛,涵盖电力、燃气、水等多种能源的消耗情况,也包含设备的运行状态以及环境参数等信息。数据采集层在整个能源管理系统中起着至关重要的作用,其可靠性与实时性直接关系着后续数据分析与决策的科学性与有效性。高度的可靠性能够保障数据在采集过程中不受外界干扰,确保数据的准确性,避免因数据误差导致的决策失误。而实时性则要求数据采集层能够及时捕捉能源使用和设备运行状态的动态变化,保证数据的完整性,使能源管理系统能够基于最新数据进行分析和调控。

（二）数据传输层

在智能、绿色建筑行业的能源管理系统中，数据传输层扮演着至关重要的角色，其核心任务是将数据采集层所获取的能源数据，精准、高效地传输至数据处理层。为实现这一目标，需运用高效且稳定的通信协议与网络技术，以保障数据在传输过程中的安全性与可靠性。鉴于能源数据的重要性与敏感性，数据传输层不仅要确保数据能够准确无误地送达，还需应对传输过程中可能出现的各种干扰与风险。因此，该层需具备数据压缩功能，通过优化数据格式与结构，减少数据传输量，提升传输效率，降低网络带宽压力。同时，加密功能也必不可少，采用先进的加密算法对数据进行加密处理，防止数据在传输过程中被窃取或篡改，确保数据的保密性与完整性。

（三）数据处理层

在建筑行业的能源管理系统中，数据处理层处于核心地位，承担着对采集到的能源数据进行深度处理的关键任务。该层主要负责对数据进行清洗，去除噪声与异常值，确保数据质量；进行转换，将数据统一格式与标准，便于后续分析；实施存储，构建高效的数据存储体系，保障数据的安全与可访问性；开展分析，运用数据挖掘、机器学习等前沿技术，从海量数据中提取有价值的信息与知识。通过先进的数据分析技术，数据处理层能够揭示能源使用的内在规律与潜在问题，为能源管理决策提供科学依据。同时，该层还具备数据可视化功能，借助直观的图表、报表等形式，将复杂的能源数据以清晰、易懂的方式呈现给用户，使用户能够迅速把握能源使用状况与趋势，及时做出决策调整，以及数据处理层的高效运作，有助于提升智能、绿色建筑行业的能源管理水平。

（四）应用决策层

在智能、绿色建筑行业中，应用决策层依托数据处理层所供给的信息，承担着制定并落实能源管理策略的重要职责。该层聚焦于能源设备的优化调度，依据实时数据动态调整设备运行参数，确保设备在高效区间运行；致力于能源消费模式的调整，通过分析能源使用规律，引导合理的能源消费行为；专注于节能措施的制定与实施，结合建筑实际情况，提出针对性的节能方案并推动落地。应用决策层借助智能化的决策支持手段，运用先进的算法与模型，对能源管理策略进行科学评估与优化。通过精准决策，实现能源资源的高效配置与合理利用，避免能源的浪费与闲置。这不仅有助于降低能源消耗，减少能源成本支出，还能提升建筑的整体能效水平。

三、能源管理系统的核心技术

(一)大数据分析技术

大数据分析技术作为能源管理系统实现数据挖掘与价值提炼的关键工具,发挥着不可替代的作用。该技术能够对海量的能源数据进行深度剖析,借助先进的数据分析算法与模型,精准识别能源使用过程中的内在规律与发展趋势。通过对历史数据的挖掘和对实时数据的监测,可为能源管理决策提供坚实的数据支撑与科学依据。此外,大数据分析技术在智能、绿色建筑行业的能源管理领域具有广泛的应用前景。其可用于预测能源需求,基于历史能耗数据、建筑运行参数以及外部环境因素等多源数据,构建精准的能源需求预测模型,提前规划能源供应策略。同时,在能源调度优化方面,大数据分析技术能够综合考虑能源供需状况、设备运行状态等因素,实现能源的高效分配与调度,提高能源利用效率,降低能源浪费。

(二)云计算分析技术

云计算技术为能源管理系统赋予了强大的计算与存储能力,成为支撑系统高效运行的关键技术之一。借助云计算平台,能源数据得以实现集中存储与高效处理,避免了传统分散存储方式带来的数据冗余与管理复杂问题。这一转变不仅显著降低了企业的IT成本,还减少了系统维护的难度与工作量,使企业能够将更多资源投入到核心业务中。云计算技术还具备高度的可扩展性与灵活性,能够轻松应对能源管理系统规模的不断扩大与功能的持续增加。随着智能、绿色建筑行业的快速发展,能源管理系统的数据量与处理需求日益增长,云计算平台可通过动态资源分配,快速响应系统变化,确保系统性能的稳定与可靠。云计算技术的应用,为智能、绿色建筑行业的能源管理系统提供了坚实的技术支撑,推动了能源管理的智能化、精细化发展。

(三)人工智能分析技术

在智能、绿色建筑行业中,人工智能技术的应用范围不断拓展且愈发深入。借助机器学习、深度学习等先进算法,能源管理系统能够达成对能源设备的智能监控与预测性维护。通过对设备运行数据的实时采集与分析,系统可精准识别设备的潜在故障与性能衰退趋势,提前发出预警并安排维护,从而显著提升设备的运行效率与可靠性,减少因设备故障导致的能源浪费与运营中断。此外,人工智能技术在能源管理决策层面发挥着关键作用。其可用于优化能源调度策略,依据实时能源供需状况、设备运行状态及环境参数等多源信息,动态调整能源分配方案,实现能源的高效利用。同时,在节能措施制定方面,人工智能技术能够结合建筑能耗特点与用户需求,提出个性化的节能建议与方案,助力实现能源消耗的精准控制。

第二节 智能建筑能源优化策略

一、建筑设计与规划阶段

(一)合理确定建筑朝向与布局

建筑朝向与布局的优化设计对降低建筑能源消耗具有显著作用。在建筑设计阶段,科学规划建筑朝向与空间布局是实现能源高效利用的关键策略。通过精准确定建筑朝向,可最大化利用自然光照资源,减少人工照明系统的使用时长与能耗。具体而言,建筑主立面宜采用南北朝向布局,该朝向能够确保室内空间在日间获得充足且均匀的日照,从而降低照明设备依赖度。同时,合理的建筑布局设计可有效促进自然通风效能。通过构建开放式或半开放式空间结构,形成有利于空气流通的通道与微气候环境,使室内外空气形成良性交换循环。这种布局模式不仅能改善室内空气质量,还可显著减少空调系统的运行时间与制冷负荷。此外,建筑群体的空间组合与高度梯度设计,可进一步优化区域风场分布,增强自然通风的渗透性与持续性。

(二)优化建筑物体形系数

建筑物体形系数作为衡量建筑物热工性能的关键指标,表征了建筑物与室外大气接触的外表面面积与其所围合体积之间的比率关系。该系数在建筑节能设计中具有重要地位,其数值大小直接影响建筑的热量传递效率与能耗水平。通过系统性优化建筑物体形系数,可有效缩减建筑外围护结构的散热面积,进而显著降低采暖与制冷系统的能源消耗。在建筑设计实践中,实现体形系数优化的核心策略在于构建紧凑化的建筑形态。通过合理压缩建筑平面布局的空间尺度,减少不必要的凹凸变化与冗余立面,可在保证功能适用性的前提下最小化外表面面积。这种形态优化不仅能够降低建筑本体与环境之间的热交换强度,还可减少围护结构热桥效应的产生,从而提升建筑整体的保温隔热性能。从热力学原理分析,建筑物体形系数的优化实质是通过改变建筑几何特征来调整其热传导路径与热容分布。紧凑的建筑形态有助于形成连续的热阻屏障,减少热量通过外墙、屋顶等部位的传递损失。

(三)采用高效节能技术和设备

在建筑设计与规划的前端阶段,应着重将高效节能技术与设备的集成应用纳入核心考量范畴。通过系统性整合可再生能源利用技术,可构建建筑本体的清洁能源供应体系。具体而言,太阳能光伏系统与地源热泵技术的协同应用,能够实现建筑能耗的结构性优化,前者通过光电转换将太阳能转化为电能,后者利用地下浅层地热资源进行供热制冷,二者共同形成低碳化能源供给网络。在设备选型层面,应优先配置具备高能效比的节能型设备。高效照明系统通过智能调光、光效优化等技术手段,可显著降低照明能耗;先进空调系统采用变频调节、热回收等节能技术,能有效提升制冷制热效率。此类设备的集成应用不仅可以直接降低建筑运营阶段的能源消耗强度,还可以通过减少化石能源使用来降低碳排放。从技术整合视角分析,建筑节能技术的系统化应用需兼顾能源供给与终端消耗的协同优化。通过可再生能源技术与高效节能设备的有机结合,可构建具有自调节能力的建筑能源系统,实现能源梯级利用与余热回收。

二、施工与安装阶段

(一)加强施工质量管理

施工质量管理对于保障建筑能源系统的稳定运行及节能效能的实现具有至关重要的作用。在建筑施工全周期中,应加大质量管控体系的执行力度,通过系统性监督与精细化检查确保各分项工程质量严格符合设计标准。特别针对建筑围护结构的保温隔热系统施工,需建立专项质量监控机制,重点核查保温材料的性能指标、施工工艺的合规性以及构造节点的密封性。质量管控过程应贯穿施工全流程,从材料进场检验、隐蔽工程验收至分项工程评定,均需实施标准化质量追溯管理。对于保温隔热层施工,需采用热工性能检测、无损探伤等技术手段,验证其实际保温效果与构造完整性。同时,应建立质量责任追究制度,确保施工缺陷可追溯至具体责任主体,形成闭环质量管控体系。从技术实施层面分析,围护结构保温隔热系统的质量保障需兼顾材料选型与施工工艺的双重优化。通过选用高性能保温材料、优化节点构造设计,结合标准化施工流程控制,可有效提升建筑围护结构的热工性能。

(二)采用先进的施工技术和设备

先进施工技术与设备的集成应用能够显著提升建筑工程的实施效能与质

量水准,同时实现施工成本的有效控制。通过引入预制构件与装配式建筑技术体系,可系统性减少施工现场的湿作业量,优化施工流程并缩短建设周期。此类工业化建造方式通过工厂化预制与现场装配的协同作业,不仅提升了构件加工精度,更通过标准化接口设计强化了结构整体性。在设备升级层面,智能化施工机械的部署为施工过程控制提供了技术支撑。智能化挖掘机、塔吊等设备通过集成传感器、物联网与自动控制技术,实现了施工操作的数字化管理与精准执行。此类设备可依据实时工况自动调整作业参数,通过路径规划算法优化机械运动轨迹,在提升施工效率的同时显著降低人为操作误差。从技术融合视角分析,先进施工技术与智能化设备的协同创新构建了新型建造模式。预制构件的标准化生产与智能化设备的自动化操作形成技术互补,共同推动建筑施工向工业化、信息化方向转型。

三、运营与维护阶段

(一)建立完善的能源管理制度

构建系统化的能源管理体系是保障建筑能源系统稳定运行与节能效能实现的基础性工程。需确立清晰的能源管理目标体系与实施路径,通过目标分解机制明确各职能部门的权责边界与任务分工,形成跨部门协同管理机制。在此基础上,应建立全周期能源监测与统计框架,运用智能化传感网络与数据分析平台,实现建筑能耗数据的实时采集、动态分析与趋势预测。能源管理实践需依托科学决策支持系统,通过构建能耗基准模型与能效评估指标体系,制定差异化的能源使用策略。具体包括:基于建筑负荷特性的动态能源调度方案、设备系统的优化运行参数配置以及可再生能源与传统能源的耦合利用策略等。同时,应建立能效改进闭环机制,通过持续监测—诊断分析—优化调整的管理循环,推动建筑能源绩效的阶梯式提升。

(二)加强能源监测与分析

强化能源监测与数据分析是提升建筑能源利用效率的核心技术路径。需依托建筑能源管理系统构建实时数据采集网络,通过智能传感设备与物联网技术实现能耗数据的全周期追踪,并运用数据挖掘算法解析能源消耗的时空分布特征与动态变化趋势。在此基础上,应建立周期性能源审计机制,采用能效基准对比、能耗异常诊断等分析方法,精准识别能源浪费的关键节点与成因机理。能源优化策略的制定需基于系统性诊断结果,通过构建建筑能源数字孪生模型,模拟不同工况下的能耗响应特性,进而制定差异化的改进方案。具体措施可包括:设备系统的运行参数优化、能源供需的时空匹配调整以及可再生能源的协同利用策略等。同时,应建立能效改进效果追踪机制,通过持续监测验证优化措施的实际成效,形成"监测—诊断—优化—验证"的闭环管理体系。

(三)定期进行设备维护与检修

周期性设备维护与检修是保障建筑能源系统稳定运行及延长设备服役周期的核心措施。需制定结构化设备维护管理方案,明确维护周期、技术标准与责任分工,通过制度化巡检机制对建筑能源设备进行系统性检查与预防性维护。维护作业应涵盖机械部件磨损检测、电气系统绝缘性能测试以及控制系统功能验证等关键环节,确保设备性能参数持续符合设计要求。故障隐患排查需建立多层级诊断体系,综合运用振动分析、红外热成像(见图 4-1)、油液检测等无损检测技术,实现设备健康状态的实时监测与异常预警。对于发现的故障隐患,应依据风险等级制定差异化处置策略,通过部件更换、参数调整或系统优化等手段及时消除故障风险,维持设备连续稳定运行。

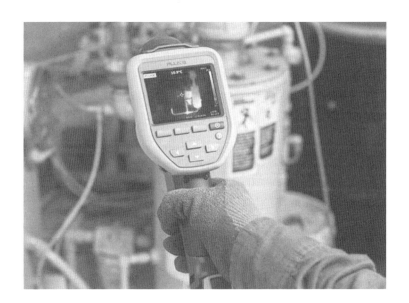

图 4-1　红外热成像

第三节 绿色建筑能源利用技术

一、太阳能利用技术

(一)太阳能光伏发电技术

太阳能光伏发电技术基于半导体材料的光生伏打效应,实现光能向电能的直接转换。该技术体系在建筑领域的应用,通常依托建筑屋顶、立面等围护结构进行光伏组件的集成化安装。其物理机制表现为:当特定波长的光子与半导体材料发生相互作用时,通过光电激发过程产生电子—空穴对,在材料内部自建电场驱动下,载流子定向迁移形成电势差,当外接负载时即产生持续电流,完成光电能量转换过程。在绿色建筑技术体系中,太阳能光伏发电系统展现出显著优势。从能源属性看,太阳能作为清洁可再生能源,其开发利用过程不产生温室气体排放,符合建筑碳减排的可持续发展需求。从能源利用模式分析,分布式光伏发电系统通过建筑本体发电与就地消纳的协同机制,有效规避了长距离输电导致的能量损耗问题,提升了能源利用效率。在技术经济层面,随着光伏材料制备工艺的持续进步,电池转换效率与组件功率密度显著提升,同时制造成本呈现下降趋势,这种技术经济性突破使得光伏系统在建筑领域的规模化应用成为可能。

(二)太阳能热水系统

太阳能热水系统作为建筑可再生能源利用的重要技术形式,其核心装置为太阳能集热器(见图4-2),通过光热转换过程实现太阳辐射能的收集与热能传递。该系统主要依托平板型与真空管型两类集热器实现差异化应用:平板型集热器凭借结构简易、成本可控及运行寿命长等技术特性,主要适用于低温热水供应场景;而真空管型集热器则通过高真空度封装技术形成优异的光热转换效率与热损抑制能力,更适用于中高温热水制备需求。在建筑能源系统中,太阳能热水系统通过替代传统化石能源加热方式,显著降低建筑生活热水的碳足迹。其工作原理基于集热器吸收太阳辐射能,通过光热转换介质将热能传递至热水储水箱,形成可按需供给的热水储备。为应对太阳辐射的间歇性问题,系统通常配置辅助热源装置,如电加热模块或燃气加热带单元,在日照不足时维持热水供应的稳定性。从技术集成视角分析,太阳能热水系统与建筑本体的耦合设计需重点考虑集热器安装方位角、倾角等参数优化,以及热水储水箱的热损控制策略。

图 4-2　太阳能热水器

二、地热能利用技术

(一)地源热泵技术

地源热泵技术作为浅层地热能利用的典型代表,通过埋设于地下的管路系统与土壤进行热交换,实现建筑空间供冷供热需求。该技术核心在于地下埋热管换热器与热泵机组的协同作用:冬季工况下,系统通过地埋管阵列从土壤中汲取低位热能,经热泵机组逆卡诺循环提升热能品位后,向建筑内部输送高温热水用于供暖;夏季工况时,系统则反向运行,将建筑内部的余热经热泵机组转移至地埋管,最终排放至土壤中进行自然冷却。相较于传统空调与供暖系统,地源热泵技术展现出显著优势。从能源利用效率维度分析,该技术充分利用了地下土壤温度年际波动小的特性,通过热泵循环实现能量梯级利用,其系统能效比(COP)显著高于常规冷热源系统。在环境效益层面,系统运行过程中无燃烧过程,避免了氮氧化物、颗粒物等污染物的直接排放,同时减少了制冷剂泄漏对臭氧层的破坏风险。值得注意的是,地源热泵系统的性能表现与地质条件、系统设计参数密切相关。在实际应用中需通过详细的岩土热响应测试获取地层热物性参数,并结合建筑负荷特性进行动态模拟优化。

(二)地下水热泵技术

地下水热泵技术依托地下水体温度场稳定性特征,通过地下水循环实现建筑空间供冷供热需求。该技术系统由取水构筑物、热泵机组及末端换热装置构成完整热力学循环。冬季工况下,系统抽取地下水经热泵蒸发器进行热量提取,升温后的载热介质通过末端设备向建筑空间释放热能;夏季工况时,系统逆向运行,将建筑余热经热泵冷凝器转移至地下水体进行热沉降。从技术特性分析,地下水体温度年际波动幅度通常小于地表空气温度,其作为冷热源具有显著稳定性优势,可维持热泵机组在较高能效比(COP)区间运行。为实现地下水热泵技术的可持续发展,需建立基于水文地质条件评估的选址决策机制,通过三维地下水数值模拟预测抽水回灌对区域水位场的影响范围。系统设计应优先采用同井回灌技术,减少地下水开采量;运行阶段需实施水质在线监测,建立应急处理预案。同时,应探索与地埋管地源热泵的复合系统模式,通过地下水源与土壤源的热能协同利用,降低对单一地下水体的热干扰强度。

三、风能利用技术

(一)风力发电技术

风力发电技术(见图4-3)通过空气动力学原理实现风能向电能的转化,其核心装置为风力发电机组,该系统由叶片、轮毂、主轴、齿轮箱及发电机等关键部件构成能量转换链。当对流风场作用于叶片翼型表面时,基于伯努利效应产生的压力差驱动叶片旋转,通过传动系统将机械能传递至发电机,最终实现电磁感应发电。在建筑能源系统中,该技术可为建筑本体提供部分电力负荷,形成分布式能源供给模式。从技术特性分析,风能作为可再生清洁能源具有显著优势:其能量来源不受化石燃料储量限制,且发电过程不产生 CO_2 等温室气体排放。相较于传统能源系统,风力发电的运行成本主要集中于设备维护,燃料成本趋近于零。

但该技术的大规模应用面临多重约束条件:大气边界层风速的随机波动导致发电功率不稳定,需配置储能系统或与其他能源形式互补;全球风资源分布存在显著地域差异,优质风场多集中于沿海及高原地带,而城市建筑密集区风环境复杂,需通过计算流体力学(CFD)模拟优化机组布局。在建筑集成应用中,需建立多尺度风资源评估体系:宏观层面基于气象站长期观测数据筛选适宜区域;微观层面通过激光雷达测风与风洞试验,分析建筑周边流场特性,

图4-3　风力发电技术

确定机组最佳安装高度与方位角。针对城市环境特有的风速衰减与湍流增强现象,可采用垂直轴风力发电机或建筑一体化设计,增强系统对复杂风场的适应性。这种基于风资源特性与建筑环境耦合分析的技术方案,是实现风力发电在建筑领域高效利用的关键路径。

（二）风能与其他能源的综合利用

为提升绿色建筑能源系统综合效能,可构建多能互补型分布式能源体系,通过风能、太阳能及地热能等异质能源的协同优化实现供能稳定性。该体系以能源梯级利用与时空互补为核心原则,将风力发电装置与太阳能光伏系统、地源热泵机组进行系统集成,形成多源联动的能源网络。在风功率密度充足时段,优先调度风力发电机组承担建筑基础负荷,利用其低边际成本特性实现能源高效转化;当风速低于切入风速时,系统自动切换至光伏—地源热泵联合运行模式,通过太阳能辐射能捕获与浅层地热能提取的时空互补,维持建筑供电连续性。从技术实现路径分析,该多能互补系统需建立基于气象参数与建筑负荷特性的动态优化模型。系统配置应包含混合储能装置,以平抑可再生能源出力波动,提升能源供需匹配度。此外,需开发能源管理系统(EMS)实现多源异构数据的融合处理,通过数字孪生技术构建虚拟能源网络,优化设备启停策略与能量分配方案。

四、节能建筑围护结构技术

（一）外墙保温技术

外墙围护结构绝热技术通过在建筑外墙外侧或内侧增设热阻层,显著降低围护结构传热系数,实现建筑热工性能优化。该技术体系采用聚苯乙烯泡沫板、矿岩棉制品及聚氨酯硬质泡沫等典型绝热材料,通过材料内部闭孔结构或纤维交织形成的微孔网络,有效阻断热传导路径。从建筑节能效果分析,该技术可降低建筑采暖与制冷负荷,同时改善室内热环境均匀性,提升人体热舒适度。根据绝热层设置位置差异,外墙绝热技术可分为外保温、内保温及夹心保温三种构造形式。外保温系统将绝热材料通过黏结剂或机械锚固方式固定于外墙基层外侧,形成连续绝热层,该构造具有热桥阻断效果好、保护主体结构、延长建筑寿命等优势,但需注意防水层与饰面层的协同设计。内保温系统采用粘贴或龙骨固定方式将绝热材料置于外墙内侧,施工便捷性显著,但可能因结构层与绝热层温差导致结露风险,且占用部分室内空间。夹心保温构造将绝热材料填充于外墙双层墙体之间,通过连接件实现结构整体性,该体系兼具外保温的热工性能与内保温的施工便利性,但对墙体砌筑精度要求较高,需严格控制保温层空腔尺寸。

(二)门窗节能技术

建筑围护结构中,门窗构件的热工性能对整体能耗具有显著影响,其节能技术优化是提升建筑能效的关键环节。门窗节能技术体系涵盖高性能框材选型、中空玻璃配置及低辐射镀膜技术应用等多个维度。节能型门窗框材通过多腔体结构设计及隔热条嵌入工艺,形成热阻屏障,有效抑制热传导与热对流;中空玻璃采用双层或多层玻璃腔体填充惰性气体,结合暖边间隔条技术,显著降低传热系数,同时兼具声环境改善功能;低辐射镀膜玻璃通过纳米级金属氧化物涂层,实现近红外波段的高反射率,减少室内长波辐射热损失。气密性能提升是门窗节能的另一种重要途径。通过优化门窗缝隙密封系统,采用三元乙丙橡胶密封胶条、聚硅氧烷密封胶等材料,配合高精度五金件,构建多道密封防线。在安装工艺层面,需严格遵循《建筑门窗气密、水密、抗风压性能分级及检测方法》标准,实施全过程质量控制,确保密封材料连续性与耐久性。

(三)屋面保温与隔热技术

建筑屋面作为太阳辐射的主要受体,其热工性能优化对降低建筑能耗具有关键作用。屋面围护结构节能技术体系包含保温层设置与隔热构造设计双重路径。保温技术通过在屋面结构层上方增设聚苯乙烯泡沫板、膨胀珍珠岩等有机或无机绝缘材料层,形成连续热阻屏障,有效抑制热传导过程。隔热技术则通过构造创新实现太阳辐射热的反射、吸收与耗散控制。通风隔热屋面采用架空通风层或空气间层设计,利用自然风压或机械通风驱动空气流动,通过热对流作用带走热量,其隔热效率与通风层高度、通风口面积及气流组织方式密切相关。蓄水隔热屋面构建浅水层,借助水的蒸发潜热吸收太阳辐射能,同时水体的热容特性可延缓温度波峰出现时间。种植隔热屋面通过植被层与种植土复合系统的协同作用,利用植物蒸腾作用及叶片遮阳效应实现双重隔热,其隔热性能受植被覆盖率、种植基质厚度及植物种类等因素影响。

第五章　智能建筑与绿色建筑的环境适应性

第一节　建筑环境适应性分析

一、影响建筑环境适应性的因素

（一）自然因素

1. 气候条件

气候在建筑环境适应性中扮演着至关重要的角色,是影响建筑性能与设计策略的核心要素。不同的气候条件对建筑的热工特性、通风规划以及采光布局等方面均提出了差异化的要求。在湿热气候区域,建筑需着重强化通风效能与遮阳措施。良好的通风设计能够有效促进室内外空气交换,降低室内湿度与温度,提升居住舒适度;而合理的遮阳设施则可减少太阳辐射热的侵入,避免室内过热。干冷气候地区则更强调建筑的保温性能与防风能力。高效的保温材料与构造能够减少热量散失,维持室内稳定的温度环境;防风设计则可抵御寒冷气流的侵袭,降低能源损耗。此外,极端气候事件,如暴雨、暴雪、台风等,对建筑的抗灾能力构成了严峻挑战。建筑需具备足够的结构强度与稳定性,以应对这些极端天气带来的冲击与破坏。同时,建筑的排水、防水、防雪等设计也需充分考虑极端气候的影响,确保建筑在各种恶劣条件下均能正常运行,保障人员与财产的安全。

2. 地形地貌

地形地貌作为建筑选址与布局的重要决定因素,深刻影响着建筑的形态塑造、朝向选择以及交通组织方式。在山地、丘陵、平原等多样化的地形条件下,建筑呈现出截然不同的设计特征与布局模式。山地地形因地势起伏较大,建筑往往需要采取错层(见图5-1)、吊脚(见图5-2)等特殊设计形式,以灵活适应地形的变化,确保建筑与自然环境的和谐共生。这种设计不仅能够有效利用地形高差,减少土方工程量,还能为建筑带来独特的空间体验与景观视野。相比之下,平原地区地势平坦开阔,建筑布局相对规整有序。在平原地区,建筑可依据功能需求与规划要求,进行标准化的行列式或组团式布局,便于交通组织与空间利用。同时,平原地区建筑在朝向选择上更注重采光与通风效果,以优化室内环境品质。地形地貌对建筑的影响还体现在交通组织方面。山地建筑需结合地形高差,设计曲折蜿蜒的道路系统,以适应地形的起伏变化;而平原地区则可构建笔直畅通的道路网络,提高交通效率与可达性。

图 5-1　错层建筑

图 5-2　吊脚建筑

3. 生态环境

生态环境涵盖植被、水体、土壤等关键要素,对建筑环境适应性产生显著影响。优质的生态环境能够为建筑赋予自然景观资源,并有效改善建筑周边的微气候环境。植被作为生态环境的重要组成部分,在建筑周边发挥着多重作用。其可通过枝叶遮挡阳光,减少建筑表面的太阳辐射的热度,实现遮阳效果;植被的蒸腾作用能够吸收周围环境的热量,降低空气温度,进而达到降温目的;同时,植被还能吸附空气中的污染物,净化空气,提升空气质量。水体在调节局部气候方面同样具有不可忽视的作用。水体具有较高的比热容,能够吸收和储存大量的热量,在白天吸收周围环境的热量,夜晚则释放热量,从而起了调节气温的作用。此外,水体的蒸发会提升空气湿度,改善建筑周边的湿度环境,使人体感觉更为舒适。土壤也为建筑环境适应性提供了一定支持,其良好的透气性和保水性有助于维持周边生态的平衡与稳定。

（二）社会文化因素

1. 历史文化传统

历史文化传统作为地域文化的核心构成部分,对建筑的风格塑造、形式表达以及空间布局产生着深远影响。不同地域所承载的历史文化背景存在显著差异,这使得建筑风格呈现出鲜明的地域特色。在特定的历史文化传统影响下,建筑成为地域文化的物质载体。某些地区的历史文化传统强调人与自然的和谐共生,这种理念在建筑中得以充分体现。建筑在选址、朝向、布局等方面,注重顺应自然地形地貌、气候条件,追求与周边自然环境的有机融合,营造出一种自然、质朴且富有诗意的空间氛围。与之相对,另一些地区的历史文化传统则侧重于几何形式的精准表达与空间逻辑的严密构建。建筑在设计中遵循特定的几何规则,强调比例、对称与秩序,通过空间的层次划分与组合,展现出严谨的逻辑性与理性精神。历史文化传统犹如一条无形的纽带,将建筑与地域文化紧密相连。它赋予了建筑独特的文化内涵与精神气质,使建筑不仅是满足人们物质需求的场所,更是传承地域文化、彰显地域特色的重要符号。

2. 社会价值观

社会价值观的演变对建筑设计与使用产生了显著影响。伴随社会进步,人们对建筑的需求不再局限于传统居住功能,而是逐步向舒适性、健康性、环保性等多维度拓展。这种转变反映出社会价值观从物质满足向品质生活的升级。在建筑领域,体现为对室内环境质量的高度重视。现代建筑在设计过程中,积极采用环保材料,此类材料不仅具备良好的性能,还能有效降低对环境的负面影响,契合可持续发展的理念。同时,通风与采光设计的优化也成为关键举措。合理的通风设计能够确保室内空气流通,降低污染物浓度,为居住者提供清新、健康的空气环境;而科学的采光设计则可充分利用自然光,减少人工照明的使用,既节能又能营造舒适、宜人的空间氛围。这些设计策略旨在满足人们对健康生活的追求,体现了建筑对人性化需求的关注。社会价值观的变迁促使建筑从单纯的功能载体,转变为承载人们对美好生活向往的空间。

3. 人口结构与需求

人口结构的动态演变,诸如人口老龄化进程的加速以及家庭规模的小型化趋势,对建筑的功能与布局提出了全新且更为精细化的要求。在人口老龄化的背景下,适老化建筑的设计成为关键议题。此类建筑需充分考量老年人的生活习惯与身体机能特点,致力于营造安全、便捷且舒适的生活空间。具体而言,应设置完善的无障碍设施,涵盖坡道、扶手、电梯等,以保障老年人行动的便利性;同时,配备紧急呼叫系统,确保在突发状况下老年人能够及时获得救助。家庭小型化趋势则促使建筑在空间设计上更加注重灵活性与多功能性。小型家庭对于空间的利用效率有着更高要求,期望建筑空间能够根据不同需求进行灵活转换与组合。例如,可通过采用可移动隔断、多功能家具等方式,实现空间的多功能利用,满足居住、工作、休闲等多种活动需求。人口结构的变化推动着建筑领域的创新与发展。建筑设计与规划需紧密贴合人口结构的新特征,以人性化、精细化的设计理念,打造出适应不同人群需求的建筑空间。

(三)经济技术因素

1. 经济发展水平

经济发展水平的差异对建筑投资规模与建设标准产生着决定性影响。在经济较为发达的区域,充裕的资金流为建筑建设提供了有力保障,使得人们更倾向于加大投资力度,致力于打造高品质、高性能的建筑项目。这些建筑在设计与建造过程中,往往能够采用先进的技术、优质的材料以及创新的设计理念,以满足对功能、舒适度与美观度等多方面的高要求。相反,在经济欠发达地区,资金相对匮乏,建筑投资面临诸多限制。在此情况下,建筑建设更注重实用性与经济性。在满足基本使用功能的前提下,会尽可能降低成本,采用较为传统且经济实惠的建筑材料与建造方式。经济发展水平所引发的这种建筑差异,反映了不同区域在资源分配与需求导向上的不同。建筑作为经济社会发展的重要体现,其发展态势与经济发展水平紧密相连。深入理解这种关系,有助于在建筑规划、设计与建设中,更好地结合当地经济状况,制定出合理的发展策略,实现建筑与社会经济的协调发展。

2. 建筑技术水平

建筑技术的革新为建筑环境适应性赋予了强大的技术支撑力。新型建筑材料、结构技术以及设备的广泛应用,切实提升了建筑的性能与质量水准。在建筑材料领域,高性能保温材料的运用成为提升建筑能效的关键举措。此类材料凭借其卓越的隔热性能,可有效阻隔建筑内外热量的传递,减少因热量交换导致的能源损耗,进而降低建筑的整体能耗,契合可持续发展的理念。结构技术的创新则增强了建筑的稳定性与安全性,使其能够更好地抵御自然灾害与环境变化的影响。同时,先进的建筑设备为建筑的功能实现提供了有力保障。智能化建筑系统的引入,更是实现了建筑管理的自动化与节能控制的精准化。该系统能够实时监测建筑的运行状态,根据环境变化自动调节建筑设备的运行参数,实现能源的高效利用与合理分配。

3. 政策法规

政策法规在建筑环境适应性方面发挥着关键的引导与约束效能。相关部门制定并推行的建筑节能规范、环境保护政策等,有力推动着建筑在设计与建造阶段更加关注环境适应性。此类政策法规为建筑行业发展设定了明确的方向与准则。建筑节能标准的实施,促使建筑行业积极探索并应用各类节能技术,以降低建筑能耗,提升能源利用效率。环保政策则引导建筑在材料选用、施工工艺等方面注重环境保护,减少对生态环境的负面影响。在政策法规的驱动下,建筑行业形成了注重环境适应性的发展态势。建筑设计与建造者需在满足功能需求的基础上,充分考虑建筑与周边环境的协调共生,确保建筑在全生命周期内实现资源的高效利用与环境的友好保护。政策法规的引导与约束作用,促使建筑行业不断进行自我革新与升级。通过遵循政策法规要求,建筑能够更好地适应环境变化,实现可持续发展目标。

二、分析建筑环境适应性的方法

(一)实地调研法

实地调研作为探究建筑环境适应性的关键途径,具有不可替代的重要价值。通过深入建筑所在区域,针对自然环境、社会文化环境以及经济技术环境展开实地考察,能够系统收集与之相关的各类数据与信息。在自然环境方面,调研人员可实地观察建筑周边的地形地貌特征、植被分布状况,精准把握当地的气候特性,从而为分析建筑与自然环境的融合程度提供基础。在社会文化环境层面,深入了解当地的历史文化传统、社会习俗等,有助于揭示建筑所承载的文化内涵及其与社会环境的互动关系。对于经济技术环境,通过与当地居民、相关从业者进行交流,可获悉当地的经济发展水平、技术应用状况以及居民对建筑的使用需求与意见建议。实地调研所获取的第一手资料,具有高度的真实性与可靠性。这些资料能够为建筑环境适应性的深入分析提供坚实依据,有助于准确识别建筑在适应环境方面存在的问题与不足,进而提出针对性的优化策略。

(二)模拟分析法

模拟分析法借助计算机软件对建筑环境适应性展开模拟评估。此方法运用特定软件工具,针对建筑在不同环境条件下的性能表现进行精准预测与分析。以建筑能耗模拟软件为例,其能够依据建筑的几何特征、围护结构热工性能以及气象参数等,模拟建筑在不同气候条件下的能耗状况,进而对建筑的节能性能予以科学评估。而建筑通风模拟软件则可对建筑内部的气流分布、风速等通风效果指标进行细致分析,为通风设计的优化提供有力支持。模拟分析法在建筑设计的早期阶段便可介入,对建筑的环境适应性进行前瞻性预测与评估。通过模拟分析,能够提前发现设计方案中可能存在的环境适应性问题,如能耗过高、通风不畅等。基于模拟结果,设计团队可针对性地调整设计方案,优化建筑的布局、朝向、围护结构等,以提升建筑的环境适应性。

(三)对比分析法

对比分析法致力于对不同建筑或同一建筑在不同情境下的环境适应性展开比较分析。此方法通过构建对比框架,深入剖析建筑在环境适应性方面的优势与短板,为建筑设计与优化提供有益参考。在对比过程中,可选取不同地区具有典型性的建筑作为研究对象,从自然环境适应性、社会文化适应性等多维度进行考量。通过对比这些建筑在应对不同环境条件时所采取的设计策略与措施,能够清晰地揭示出它们之间的差异与共性。对比分析法的核心价值在于从优秀建筑案例中汲取经验。通过深入剖析成功建筑在环境适应性方面的设计亮点与实践经验,可为其他建筑的设计提供可借鉴的模式与方法。同时,通过对比不同建筑在环境适应性方面的不足,能够明确改进方向,避免在后续设计中出现类似问题。对比分析法有助于构建更加科学、合理的建筑设计策略体系。通过对不同建筑环境适应性的对比分析,能够总结出适用于不同环境条件的建筑设计原则与方法,推动建筑设计与环境实现更高程度的融合与协调。

(四)综合评价法

综合评价法聚焦于整合多维度评价指标,对建筑环境适应性展开系统性评估。该方法涵盖建筑的节能效能、室内环境品质、对周边环境的潜在影响等关键要素,构建起全面且细致的评价指标体系。在实施过程中,依据各指标对建筑环境适应性的相对重要性,赋予其差异化的权重系数。通过科学的计算模型,将各指标的量化得分进行加权求和,进而得出建筑环境适应性的综合评分。此量化评价方式能够精准反映建筑在环境适应性方面的整体表现。综合评价法具有显著的优势,其全面性与客观性可有效避免单一指标评价的局限性。通过综合考量多个关键指标,该方法能够深入剖析建筑在环境适应性方面的优势与不足,为建筑设计与优化提供更具针对性的建议。综合评价法为建筑环境适应性的评估提供了科学、系统的工具。借助此方法,可对不同建筑的环境适应性进行横向对比与纵向分析,推动建筑行业在环境适应性方面实现持续改进与提升,促进建筑与环境的和谐共生。

第二节 智能建筑环境调控技术

一、传感器技术

在智能建筑环境调控系统中,传感器扮演着"感知器官"的关键角色,具备实时且精准检测建筑内各类环境参数的能力。这些传感器种类多样,其中温度传感器、湿度传感器、光照传感器以及空气质量传感器较为常见。温度传感器能够对室内温度进行精确测量,其获取的数据为空调系统的合理调节提供了可靠依据,有助于营造适宜的温度环境。湿度传感器可实时监测室内湿度状况,避免因湿度异常对人体健康产生不良影响,同时保护建筑设备免受湿度波动带来的损害。光照传感器依据室内光照强度的变化,自动调控窗帘的开合程度以及灯光的亮度,在保障照明舒适度的同时,有效降低了能源消耗。空气质量传感器则专注于检测室内空气中的有害气体浓度,如甲醛、CO_2 等,一旦检测到有害气体超标,便及时触发通风设备启动,从而确保室内空气质量符合健康标准。

二、控制算法

控制算法在智能建筑环境调控体系中,作为系统的"大脑"发挥着核心作用。它基于传感器所采集的数据,借助分析与计算流程,生成精准的控制指令,进而达成对环境设备的智能化控制。常见的控制算法涵盖多种类型。PID控制算法作为经典代表,具备结构简洁、稳定性优良等特性,在众多工业控制场景中得以广泛应用。其凭借对误差的比例、积分和微分的调节,能够有效实现系统的稳定控制。模糊控制算法则展现出处理不确定性与模糊性信息的能力。在部分难以构建精确数学模型的复杂系统中,该算法可以通过模糊规则推理,实现对系统的有效控制,为复杂环境调控提供了可行的解决方案。神经网络控制算法具有自学习与自适应的显著优势。它能够依据系统的实际运行情况,自动调整自身参数和结构,持续优化控制策略,从而增强控制精度与效果。这种算法在应对复杂多变的环境调控需求时,展现出强大的适应性和灵活性。

三、通信技术

在智能建筑环境调控体系中,通信技术扮演着"神经脉络"的关键角色,承担着传感器、控制器与执行机构之间的信息传输与共享任务。常见的通信技术主要分为有线通信技术和无线通信技术两类。有线通信技术,例如以太网、RS-485 等,具备传输稳定、抗干扰能力强的显著优势。然而,其布线过程较为复杂,且成本相对较高,这在一定程度上限制了其应用范围。无线通信技术,如 Wi-Fi、蓝牙等,则展现出布线简单、灵活性高的特点。不过,这类技术也存在一些不足之处,如信号可能不稳定,安全性相对较低等,这些因素可能会影响信息传输的质量和可靠性。在实际应用过程中,需综合考量具体的应用场景和需求,选择适宜的通信技术。也可将有线通信与无线通信技术有机结合,充分发挥两者的优势,弥补各自的不足。通过这种方式,能够构建起高效、可靠的信息传输网络,确保智能建筑环境调控系统各组件之间的信息交互顺畅,进而提升系统的整体性能和稳定性。

四、环境感知技术

环境感知作为智能建筑环境调控的基石,依托各类传感器实现建筑内部环境参数的实时精准获取。其中,温度传感器能够对室内不同区域的温度进行精确测量,其数据为空调系统的精准调控提供了关键依据,有助于构建舒适的室内热环境。空气质量传感器具备检测 CO_2、PM2.5 等污染物浓度的能力,能够及时发现空气质量问题,并触发相应的净化措施,保障室内空气的清新与健康。此外,噪声传感器用于监测室内噪声水平,为营造安静的室内环境提供数据支持;光照强度传感器则可测量室内光照强度,助力实现适宜的光照环境调控,满足不同场景下的光照需求。

五、位置与行为感知技术

空间行为感知技术为建筑环境智能调控提供了数据支撑体系,通过多源异构传感器的协同部署,可实现人员时空分布特征与行为模式的精准解析。采用红外热电式传感器与超声波测距装置构成的运动监测网络,能够实时捕捉人员动态轨迹与空间驻留特征,其毫米级精度的时间—空间定位数据为行为建模提供基础参数。融合门禁刷卡记录与视频分析技术,可构建人员身份—时间—位置的三维关系数据库,揭示个体行为规律与群体活动模式。该技术体系对建筑环境优化具有显著价值:在能源管理维度,基于人员密度分布的热力图分析,可动态调整照明与空调系统的运行策略,通过分区控制算法实现无人区域的设备休眠,降低冗余能耗;在舒适度提升方面,结合历史行为数据预测模型,可提前预设环境参数,如根据工作日通勤规律自动调节电梯候梯厅温湿度,或依据会议日程优化多功能厅的声光环境。技术实施需建立隐私保护机制,对敏感数据进行脱敏处理与加密传输。该技术为建筑环境从被动响应向主动服务转型提供了关键技术路径,推动了人—建筑—环境系统的动态平衡发展。

六、设备状态感知技术

设备状态感知技术在智能建筑环境调控中承担着关键职责,其核心在于对建筑内各类设备的运行状态进行实时监测。通过在空调、灯光、电梯等重要设备上安装传感器,能够实时获取设备的运行参数,涵盖温度、压力、电流等关键指标。与此同时,该技术还可采集设备的能耗数据,并基于此深入分析设备的运行效率以及维护需求。通过对设备运行数据的精准剖析,能够提前洞察设备的潜在问题,为设备的科学维护提供有力依据。一旦设备出现异常状况,系统会迅速发出警报,及时通知管理人员开展维修工作。这种实时响应机制有助于确保设备始终处于正常运行状态,最大程度降低设备故障对建筑环境造成的负面影响。设备状态感知技术的应用,使得建筑设备的运行管理更加智能化、精细化,不仅提高了设备的可靠性和使用寿命,还为智能建筑环境调控系统的稳定运行提供了坚实保障,进一步提升了建筑的整体运营效率和用户体验。

七、系统集成技术中心技术

系统集成中心在智能建筑环境调控系统中处于核心地位,其承担着协调与管理各子系统的关键任务,这些子系统包括 HVAC(暖通空调)系统、照明系统、安防系统以及能源管理系统等。借助综合布线系统,系统集成中心实现了与各类终端设备的无缝连接。它能够广泛收集并高效处理建筑内部产生的各类信息,这些信息涵盖了环境参数、设备运行状态、人员活动情况等多个方面。基于所收集的信息,系统集成中心依据预设的规则和算法进行深度分析与决策。通过精准的数据处理和智能的逻辑判断,它能够制定出科学合理的环境调控策略,进而实现对建筑环境的全面、精准调控。系统集成中心的存在,使得智能建筑环境调控系统具备了高度的集成性和智能化水平。各子系统之间能够协同工作、优势互补,共同为营造舒适、节能、安全的建筑环境提供有力保障,推动了智能建筑向更高效、更智能的方向发展。

八、跨平台协同技术

跨平台协同技术在智能建筑环境调控中发挥着关键作用,它打破了不同系统之间的数据壁垒,实现了数据共享与协同作业。在智能建筑环境调控系统内,各子系统借助跨平台协同技术得以深度交互。例如,HVAC 系统能够依据照明系统的实时运行状态,动态调整空调的风量与温度,避免不必要的能源消耗,从而显著提升能源利用效率。安防系统与照明系统实现联动,当安防系统检测到异常情况时,可迅速触发相关区域的照明开启,为监控与处置工作提供便利条件。通过跨平台协同技术,智能建筑环境调控系统内的各子系统充分发挥自身优势,实现功能互补。这种协同工作模式有效整合了各子系统的资源与能力,避免了信息孤岛与重复作业,使得整个系统能够更加高效、精准地响应建筑环境的变化需求。跨平台协同技术的应用,不仅提升了智能建筑环境调控系统的整体性能,还打造了更加智能、节能、安全的建筑环境。

九、开放式接口技术

开放式接口技术在智能建筑环境调控系统中扮演着至关重要的角色,赋予了系统出色的扩展性与兼容性。该技术具备与第三方设备、应用进行对接的能力,为用户依据自身需求灵活添加新功能与服务提供了便利条件。在智能建筑环境调控系统的架构中,开放式接口技术打破了系统封闭性,使得系统能够与外部各类资源实现无缝连接。借助此技术,用户无须对系统进行大规模改造,即可将各类新兴设备、前沿应用融入其中,极大地丰富了系统的功能体系。例如,在个性化环境控制方面,用户可借助开放式接口,将智能家居设备接入智能建筑环境调控系统。如此一来,系统能够整合更多维度的环境信息,并根据用户的个性化偏好,实现更加精准、细致的环境控制。开放式接口技术的应用,不仅增强了智能建筑环境调控系统的适应性与灵活性,还为系统的持续升级与创新奠定了坚实基础。它使得系统能够紧跟技术发展趋势,不断满足用户日益多样化的需求。

第三节　绿色建筑生态景观设计

一、景观规划与设计

(一)场地分析

场地规划前期需开展系统性场地分析,重点聚焦自然条件、生态环境及交通区位等核心要素。自然条件分析应涵盖地形地貌特征、土壤理化性质及水文地质状况,通过现场勘测与地质勘查获取场地三维地形数据、土壤承载能力与渗透系数、地下水位变化规律等基础资料。地形地貌分析需识别坡度、坡向及微地形特征,为竖向设计提供科学依据;土壤特性研究应评估其稳定性与适宜性,规避潜在地质灾害风险;水文条件勘察需明确地下水分布与地表径流特征,为给排水系统设计提供参数支撑。基于场地分析结果,可构建针对性的规划策略。针对高差显著地形,建议采用台地式空间布局,通过分级处理实现土方平衡,降低工程成本;对于地下水位较高区域,应实施复合防水体系,结合结构防水与排水措施,保障建筑基础稳定性。生态环境分析需评估场地生物群落与生态敏感区,通过生态廊道构建与栖息地保护实现开发建设与生态保护的动态平衡。

(二)功能分区

功能分区作为场地规划的核心环节,需依据建筑功能属性与景观营造需求,构建科学合理的空间组织体系。规划过程中应系统分析场地特性与使用场景,通过功能适配性评估确定各分区空间布局。公共活动区域宜选址于交通可达性强、视觉通廊开阔的场地节点,通过界面开放性与流线引导性设计,强化其社会交往与活动承载功能;私密休息区域则应选择环境静谧、视觉遮蔽性良好的空间区位,运用地形高差、植被围合等设计手法营造领域感与安全感。功能分区规划需注重空间逻辑的系统性与连贯性,建立不同功能单元间的有机联系与过渡机制。通过流线组织优化实现功能转换的便捷性,采用渐进式空间序列设计提升使用舒适度,避免功能冲突与流线干扰。同时,应构建多层级的功能网络体系,既保证核心功能区的独立性与完整性,又通过过渡空间实现功能渗透与互动,形成功能互补、空间互融的场地格局。

(三)交通组织

交通组织规划需构建分级有序、人车协同的场地交通体系,通过流线分离与空间整合提升交通运行效能。规划应基于场地功能布局与行为动线特征,建立独立的人行与车行系统,采用物理隔离或标高差异实现人车分流,降低交通冲突风险。车行系统规划需统筹动态交通与静态交通需求,科学测算停车配建指标,设置地下停车库、立体停车楼等集约化停车设施,避免地面停车对景观空间的侵占与视觉干扰。步行系统规划应构建连续、舒适的非机动车交通网络,通过步道分级设计满足不同通行需求。主步道宜采用无障碍设计标准,确保通行安全与便利性;次级步道可结合景观节点设置,形成移步换景的游览体验。步行系统需与公共交通站点、建筑出入口等关键节点无缝衔接,建立高效的换乘体系。同时,应运用景观化设计手法,通过铺装材质区分、绿化遮阴设施配置等措施提升步行舒适度,营造安全、宜人的慢行环境。

二、植物配置与设计

(一)植物选择

植物配置需遵循生态适地性原则,优先遴选契合区域气候特征与土壤条件的乡土植物种类。乡土植物经长期自然选择形成强适应性与生态稳定性,其遗传特性与本地生态系统具有内在耦合性,能够有效降低养护成本并提升群落稳定性。物种选择应建立多维度评价体系,综合考量植物的景观美学价值、生态服务功能及文化象征意义。在景观营造层面,应注重植物季相变化的时序性表达,通过合理配置常绿与落叶树种、速生与慢生植物,构建具有时序动态特征的植物群落。选用观花、观叶、观果等特性各异的植物品种,形成春华秋实、四时景异的视觉景观序列,提高空间体验的丰富度与时间维度。生态功能维度需关注植物的固碳释氧、滞尘降噪等生态效益,选择具有环境修复能力的植物种类,强化场地的生态调节功能。植物配置宜采用群落式种植模式,模拟自然植物群落结构,通过乔灌草复合配置提升群落稳定性与生物多样性,实现生态效益、景观效益与文化效益的协同优化。

(二)植物搭配

植物群落构建需遵循生态互补原则,通过科学的物种搭配与空间组织,形成结构稳定、功能复合的植物组团。采用乔灌草垂直分层配置模式,构建多层次的植物群落体系,可显著提升生态系统的服务效能与景观视觉品质。上层乔木应选用冠幅饱满、根系发达的乡土树种,通过合理密植形成连续的天际线,发挥遮阴降温、滞尘减噪等生态功能;中层灌木宜选择花期错落、叶色多变的品种,通过组团式种植提高群落的结构丰富度;下层地被植物应配置耐荫性强、覆盖度高的草本植物或地被花卉,形成完整的地面覆盖层,抑制杂草生长并提升景观细腻度。植物组合需注重形态特征与生态习性的协同性,通过常绿与落叶、速生与慢生植物的合理配比,实现群落季相变化的动态平衡。在垂直空间维度,应充分利用植物的高度差异构建梯度景观。水平空间布局需考虑植物的色彩搭配与质感对比,通过冷暖色系交替、粗质叶与细质叶的质感调和,营造富有节奏感的景观空间序列。

三、水体设计

(一)水体类型选择

水体类型选择应基于场地特征与景观功能需求,构建与空间特质相契合的水景体系。静态水体与动态水体具有差异化的景观表现与生态效能,其选型需通过多维度评估实现功能适配。静态水体如湖泊、池塘等,通过水面镜面效应形成虚实相生的空间意境,其平缓的水体形态可营造静谧、安详的环境氛围,适用于休憩观赏区、冥想空间等需要心理舒缓的场地。设计应注重岸线形态的自然化处理与水生植物的合理配置,强化水体的生态净化功能与景观层次。动态水体如溪流、喷泉等,借助水流运动产生视觉与听觉的双重刺激,其动态特征可激活空间活力,适用于入口广场、轴线节点等需要空间引导的场地。设计需统筹水流速度、流量控制与动力设备选型,通过水形变化与声光效果的协同设计,塑造具有韵律感的动态景观。两类水体选择应充分考虑场地地形条件、水文地质特征及后期维护成本,在生态承载力范围内实现景观效益与生态效益的平衡。

(二)水体生态处理

水体生态修复应采用基于自然过程的净化技术体系,构建具有自净能力的水生态系统。通过人工湿地与生态浮岛等生物—生态协同处理装置,利用挺水植物、浮叶植物的根系吸收作用及附着微生物的降解功能,实现氮磷等污染物的生物截留与转化。植物选型应优先考虑本地优势水生植物,通过群落构建形成多级食物链网络,强化物质循环与能量流动效率。水动力优化方面,宜采用循环水系统实现水体的定向流动与更新,通过曝气充氧与推流装置改善水体溶解氧分布,抑制藻类过度繁殖。系统设计需结合场地地形特征,构建重力流与泵送相结合的复合循环模式,降低能耗并增强水体的混合均匀性。底质改良技术可同步应用,通过投加多孔介质与微生物菌剂,提高底泥污染物固定能力与反硝化作用强度。生态处理系统应建立长效监测机制,定期检测水质指标与生物群落结构,动态调整植物配置与运行参数。

(三)水体与周边环境的融合

水体景观的营造应强调与周边环境的有机整合,通过空间形态与生态功能的协同设计,实现水陆生态系统的连续性与景观体验的整体性。亲水设施的配置需遵循人的行为尺度与空间感知规律,设置挑台、栈道等线性元素,构建多层级的亲水界面,促进人与水体的互动关系。设施材质宜选用防腐木、透水混凝土等生态友好型材料,通过细部设计增强安全性与舒适性,同时保持与自然环境的视觉协调性。水生植物群落的构建应基于生态位分化原则,选用挺水、浮叶、沉水植物,形成垂直分层的水生植被结构。植物选择需兼顾净化功能与景观美学价值,优先采用本地适生品种,通过季相变化与色彩搭配增强景观动态性。种植设计应注重植物与岸线形态的耦合关系,采用自然式驳岸处理,避免生硬的水陆边界,促进物质循环与能量交换。水体与周边环境的融合还需考虑视线组织与空间序列的营造,通过借景、对景等手法强化水体在景观体系中的核心地位。

四、景观小品与设施设计

(一)景观小品设计

景观小品作为空间营造的关键要素,承担着环境品质提升与文化意象表达的双重功能。其设计应建立系统化思维,通过形态语言、材料质感与色彩体系的协同建构,实现与场地文脉及自然环境的深度契合。造型处理需遵循形式美法则,运用抽象化、符号化的设计手法提炼地域文化特征,避免具象表达的局限性。材质选择应兼顾耐久性与生态性,优先采用本地天然材料或再生建材,通过不同质感的对比组合增强触觉层次。色彩规划需建立与场地基调相协调的色谱体系,运用色彩心理学原理调控空间氛围,避免视觉冲突的产生。小品类型配置应依据功能分区进行差异化设计,在公共活动区域设置具有互动性的装置艺术,在休憩空间布置文化性雕塑或景观构筑物,形成主题鲜明的空间节点。设计过程应注重小品与植物、地形的空间对话,通过尺度控制、比例协调等手法建立视觉关联性。

(二)设施设计

景观设施配置应构建人本导向的服务支持体系,通过功能性设施与生态技术设备的协同布局,实现环境品质与使用效能的双重提升。休憩设施需依据人体工程学原理进行尺度优化,设置符合不同人群行为需求的座椅类型,采用模块化组合方式增强空间适应性。卫生设施应建立分类收集与无害化处理系统,选用防腐蚀、易清洁的环保材料,通过隐蔽化设计降低视觉干扰。照明系统需构建多层级光环境,结合智能控制技术实现按需照明,采用低眩光、高显色性的 LED 光源,降低光污染并提升能源利用效率。设施安全性设计应遵循风险预防原则,对尖锐边角进行圆弧处理,设置防滑铺装与警示标识,建立定期维护检测机制。材料选型应优先采用可再生资源与低碳建材,通过生命周期评估确保环境负荷最小化。设施布局需与景观空间结构相耦合,在交通节点、观景平台等关键位置强化服务供给,通过设施与植物的组合配置增强视觉协调性。同时,应建立设施与使用者行为的互动反馈机制,基于使用频率、行为轨迹等数据优化设施配置方案,实现景观环境从静态展示向动态服务的范式转变。

第六章 智能建筑与绿色建筑的运营管理

第一节 智能化运营管理模式

一、集中管理模式

集中管理模式致力于搭建一个集成化的运营管理中枢,以此对建筑智能化系统开展集中式监控、管理与调控。此运营管理中枢作为整个建筑智能化管理的核心平台,承担着统筹协调各子系统运行的关键职责。从管理架构层面来看,集中管理模式打破了传统分散管理的局限,实现了对建筑智能化系统的全面整合与统一管理。通过统一的运营管理中枢,各子系统不再是孤立运行的个体,而是形成了一个有机协同的整体。在数据采集与分析环节,集中管理模式充分发挥了数据驱动决策的优势。通过对各个子系统运行数据的实时采集与动态分析,能够及时发现系统运行中的异常情况与潜在风险,并迅速做出响应。同时,数据分析结果也为优化系统性能、提升服务质量提供了有力依据。在制定运营策略和管理规则方面,集中管理模式确保了规则的一致性与权威性。统一的运营策略和管理规则使得各子系统的运行有章可循,避免了因规则不一致而导致的管理混乱与效率低下。

集中管理模式具备多方面显著优势,在建筑智能化系统管理中发挥着关键作用。第一,在统一管理与协调方面优势突出。该模式能够实现对建筑智能化系统的全方位掌控,构建起一个高效、有序的管理体系。各子系统不再各自为政,而是在统一的框架下进行运作。通过集中管理,可依据系统的整体运行状况和各子系统的实际需求,对各子系统进行精准的统一调度与协调。第二,有利于实现资源的整合与共享。集中管理模式具备强大的资源整合能力,能够将建筑内的各类资源,如设备资源、信息资源、人力资源等进行全面整合。通过对资源的统一调配与优化配置,打破了资源之间的壁垒,使得资源能够在各子系统之间实现高效共享。第三,能够显著增强决策的科学性。集中管理模式汇聚了大量的运营数据,这些数据是建筑智能化系统运行的真实反映。通过对这些海量数据的集中分析与处理,运用先进的数据分析技术与算法,能够深入挖掘数据背后的潜在规律与趋势。

二、分散管理模式

分散管理模式在建筑智能化系统管理中,体现为依据功能特性或空间区域,将整体系统解构为若干独立运行的子系统。各子系统在管理权责上归属不同管理部门或专业人员,形成相对自主的管理单元。这种管理模式下,子系统间保持管理独立性与运行自主性,仅通过标准化接口实现必要的信息互通与交互。从系统架构层面分析,分散管理有助于增强管理的针对性与专业性,不同管理部门可依据子系统特性制定差异化管理策略。同时,接口机制保障了子系统间在数据共享、协同运作等方面的基本需求,避免因过度耦合导致的管理复杂性与效率低下问题。在技术应用与管理实践维度,该模式要求各子系统管理主体具备相应的技术能力与专业素养,以确保子系统稳定运行。

分散管理模式具备显著优势。在管理灵活性方面,各子系统能够依据自身特性与需求实施针对性管理策略。这种自主管理模式使得子系统可迅速对突发状况做出反应,精准满足个性化需求,有效提升了管理效能与适应性。从信息传输角度而言,分散管理减少了信息向集中运营管理中心汇聚的中间环节。这一改变降低了信息传输网络的负荷,避免了因信息过度集中可能引发的网络拥堵与延迟问题,进而提高了信息传输的效率与稳定性,保障了信息的及时、准确传递。在系统可靠性层面,分散管理模式展现出独特的优势。由于各子系统相对独立运行,当某一子系统出现故障时,其影响范围被局限于该子系统内部,不会对其他子系统的正常运行造成干扰。这种独立性有效避免了故障的连锁反应,提高了整个建筑智能化系统的容错能力与可靠性。

三、混合管理模式

混合管理模式作为一种创新性的管理策略,融合了集中管理模式与分散管理模式的优势,形成了独具特色的管理体系。在此模式下,构建了一个统一的运营管理中心,该中心承担着对整个建筑智能化系统进行宏观层面的监控与协调职责。通过全面把握系统的运行状态与关键信息,运营管理中心能够为系统的稳定运行提供战略层面的支持与保障。与此同时,混合管理模式针对部分子系统实施了分散管理。这些子系统在运营管理中心的总体指导下,拥有一定的自主管理权限。它们能够依据自身的功能特性、运行需求以及实际环境状况,灵活调整管理策略与操作方式,以适应多样化的运行场景。混合管理模式通过合理配置管理资源、优化管理流程,实现了建筑智能化系统的高效、稳定运行,为提升建筑的管理水平与智能化程度提供了有力支持,在保障系统整体性能的同时,兼顾了各子系统的特殊需求,是一种具有广泛应用前景的管理模式。

混合管理模式在管理模式协调性与资源利用效能方面表现尤为突出。在管理模式层面,其实现了统一管理与灵活性的有机统一。统一的运营管理中心能够对建筑智能化系统进行全面统筹与协调,确保各子系统在宏观层面遵循统一的标准与策略,保障系统整体的一致性与协同性。与此同时,各子系统在运营管理中心的框架指导下,保留了一定的自主管理空间,可依据自身特性与实时需求,灵活调整运行策略,快速响应多样化的场景需求,有效增强了管理的针对性与适应性。在资源配置方面,混合管理模式借助运营管理中心的统一调度功能,打破了各子系统之间的资源壁垒,实现了资源的共享与优化配置。通过精准分析各子系统的资源需求与使用情况,运营管理中心能够合理分配资源,避免资源的闲置与浪费,显著提高了资源的利用效率,降低了运营成本。在系统可靠性与稳定性方面,混合管理模式展现出独特的优势。分散管理的子系统具有相对独立性,当某一子系统出现故障时,其影响范围被有效控制在局部,不会对整个系统的正常运行造成连锁反应。

四、基于云计算和大数据的管理模式

基于云计算与大数据技术的管理模式,为建筑智能化系统的运营管理赋予了全新的内涵与效能。该模式借助云计算强大的存储与计算能力,以及大数据深度挖掘与分析的优势,对建筑智能化系统所产生的海量运营数据进行高效处理。云计算平台作为数据存储与共享的核心载体,为运营数据提供了集中且安全的存储环境。通过云计算的分布式存储架构与虚拟化技术,实现了数据的高效整合与便捷访问。大数据分析技术则成为挖掘数据价值的关键工具。运用先进的数据挖掘算法与机器学习模型,对运营数据进行深度剖析,从海量数据中提取有价值的信息与知识。这些分析结果能够揭示建筑智能化系统运行的内在规律、潜在问题以及优化方向,为运营管理决策提供科学依据。此管理模式不仅增强了运营管理的科学性与精准性,还提升了系统的自适应能力与智能化水平。通过实时数据分析与反馈,运营管理者能够及时调整管理策略,优化系统性能,提高资源利用效率,降低运营成本。

基于云计算与大数据的管理模式具备显著优势。在数据存储与处理层面,云计算平台展现出卓越的性能。其拥有近乎无限的存储空间,可承载建筑智能化系统持续产生的大规模运营数据,有效解决了传统数据存储方式面临的容量瓶颈问题。同时,云计算平台依托分布式计算架构与高性能计算资源,具备强大的计算能力,能够快速对海量数据进行处理与分析,确保数据的及时性与准确性。大数据分析技术为运营数据的深度挖掘提供了有力支持。借助先进的数据挖掘算法与机器学习模型,可对运营数据进行多维度、深层次的分析,精准发现数据之间的潜在关联与内在规律。这种深度分析能力有助于揭示建筑智能化系统运行过程中的复杂机制与问题本质。在管理效率与决策水平提升方面,该模式具有突出作用。通过实时获取与分析运营数据,管理者能够迅速洞察系统运行状况,及时发现潜在问题与风险,并迅速制定针对性的应对措施。这种基于数据的实时决策机制,有效缩短了问题响应时间,提高了管理效率。同时,数据分析结果为管理者提供了全面、准确的信息支持,有助于其做出更加科学、合理的决策,提升决策水平,推动建筑智能化系统的高效、稳定运行。

第二节 绿色建筑运营维护策略

一、建立完善的运营维护管理体系

(一)制定运营维护管理制度

运营维护体系构建需确立清晰的目标导向与任务框架,围绕设施效能保障、资源优化配置及风险防控等核心诉求,制定涵盖设备全生命周期管理、能源高效利用及安全防控等维度的系统性任务。通过流程再造与标准化设计,构建涵盖监测预警、故障诊断、维修处置及效能评估的闭环式运营维护流程,明确各环节的技术规范与操作标准。制度体系建设应聚焦关键管理领域,建立分层分类的标准化文件体系。设备维护制度需明确预防性维护周期、维修响应阈值及备件管理规范;能源管理制度应规定能耗监测指标、节能技术应用场景及能效评估方法;安全管理制度需涵盖风险分级管控、应急预案制定及安全审计机制。制度设计应遵循合规性、可操作性与动态适应性原则,确保与行业标准及技术发展保持同步。责任机制构建需建立纵向到底、横向到边的权责分配体系,明确运营维护主体、技术支持部门及监督机构的职能边界。

(二)组建专业的运营维护团队

人才梯队建设是运营维护体系效能提升的核心要素,需构建专业化、结构化的人才选拔与培养机制。通过制定岗位胜任力模型,明确运营维护人员所需的专业知识架构,如设备运维技术、能源管理原理、安全防控规范与技能矩阵,采用多维度评估方法筛选适配人才,组建具备跨学科协作能力的专业团队。团队能力发展应建立动态化、系统化的培养体系,设计分层分类的培训课程,涵盖基础理论教学、实操技能演练及前沿技术研讨等模块。采用混合式学习模式,结合线上知识库与线下工作坊,强化知识传递与技能转化。人才激励与保留应建立职业发展双通道,通过技能等级认证与岗位晋升体系,实现个人成长与组织需求的有机统一。同时应构建知识共享平台,促进团队隐性知识的显性化与传承,形成持续学习、协同创新的组织文化,为运营维护体系的可持续发展提供人才保障。

(三)建立运营维护档案

建筑运营维护信息管理体系的构建需建立全要素、全周期的数据记录机制,针对设备设施技术参数、能源消耗动态、维护作业记录等关键信息,制定标准化数据采集规程与存储规范。通过物联网感知层与信息化管理平台的协同,实现设备运行数据实时采集、能源计量数据精准记录及维护工单电子化归档,形成结构化、可追溯的运营维护数据库。该数据库作为建筑资产管理的核心载体,可为设备全生命周期管理提供决策支持。在维修环节,历史故障数据与维护记录可辅助诊断模型优化,提升故障预测的准确性;在更新改造决策中,设备性能衰减趋势分析与能耗基准对比,可为技术方案比选提供量化依据。同时,档案系统支持多维度数据挖掘,通过维护工单频次统计、备件消耗分析等,可识别运维流程中的薄弱环节,为管理效能评估提供客观证据。信息档案的规范化管理需建立数据质量保障机制,包括数据校验规则、异常值处理流程及信息安全防护体系。通过定期审计与动态更新,确保档案数据的完整性、准确性与时效性,为建筑运营维护的持续优化提供可靠的数据基石。

二、加强能源管理策略

(一)开展能源审计

建筑能源绩效评估体系应构建周期性审计机制,采用系统化方法对建筑能源输入、分配、转换及消耗全过程进行量化分析。通过安装分级计量装置与数据采集系统,获取建筑围护结构热工性能、设备系统能效比、用能行为模式等关键参数,建立动态能源流模型,精准刻画建筑能源代谢特征。能源审计需运用多维度诊断工具,结合建筑信息模型(BIM)与能源模拟软件,识别能源损失的关键节点。从设备选型匹配性、系统运行策略、围护结构气密性、人员用能习惯等层面,解析能源浪费的耦合机制。采用能效对标分析法,将建筑实际能耗与行业标准值、基准值进行横向对比,定位能效优化潜力点。基于审计结果,应制定分层递进的节能策略矩阵。针对设备系统,实施变频改造、余热回收等技术升级;针对围护结构,开展保温层修复、气密性提升等工程措施;针对运营管理,建立能源监控平台与用能行为激励机制。

(二)实施合同能源管理

在建筑能源管理领域,引入合同能源管理机制是一种具有创新性与实效性的举措。此机制的核心在于与专业的能源服务公司建立合作关系,将建筑的能源管理及节能改造工作委托给这些具备专业技术与丰富经验的能源服务公司。能源服务公司凭借其专业的知识体系和先进的技术手段,对建筑能源系统进行全面评估与分析,精准识别能源浪费环节与潜在的节能空间。在此基础上,制订科学合理的节能改造方案,并负责方案的实施与后续运营维护。通过合同能源管理模式的运作,建筑业主无需承担节能改造的前期资金投入与技术风险。能源服务公司通过分享节能效益来获取回报,这种利益共享机制激励其全力以赴提高建筑的能源利用效率。在能源服务公司的专业管理下,建筑能源系统得以优化运行,能源浪费现象得到有效遏制,进而显著降低建筑的能源成本。

(三)推广可再生能源利用

基于建筑自身特性与实际状况,大力倡导并推进可再生能源在建筑领域的广泛应用。太阳能、风能、地热能等可再生能源,凭借其清洁、可再生的显著优势,成为缓解建筑能源压力、推动可持续发展的重要途径。为充分发挥可再生能源的效能,需着重强化对可再生能源设备的投入力度。从设备的选型、采购环节入手,精心挑选高效、稳定且适配建筑需求的产品,确保设备在初始阶段便具备良好的性能基础。在设备安装过程中,严格遵循专业技术标准与规范,保障安装质量,为设备的长期稳定运行奠定坚实基础。同时,不可忽视对可再生能源设备的日常维护与管理。建立完善的设备维护体系,制定科学合理的维护计划,定期对设备进行检查、保养与维修,及时发现并处理潜在问题,确保设备始终处于良好的运行状态。通过持续投入与精心维护,逐步提升可再生能源在建筑能源消耗中的占比,优化建筑能源结构,降低对传统能源的依赖,实现建筑能源的高效利用与绿色转型。

三、强化水资源管理策略

(一)开展水资源评估

开展建筑水资源使用情况评估工作,旨在全面且深入地剖析建筑水资源的消耗态势以及现存问题。此评估过程需综合运用科学的方法与专业的技术手段,对建筑内各个环节的水资源利用状况进行细致监测与分析,涵盖生活用水、公共区域用水、绿化灌溉用水等多个方面,精准识别水资源消耗的关键节点与潜在浪费环节。基于评估所获取的结果,应科学制定合理的水资源管理目标。目标应具备明确性、可衡量性与可实现性,既要符合建筑的实际用水需求,又要充分考虑水资源的可持续利用原则。围绕既定目标,进一步规划并制定切实有效的管理措施。这些措施包括优化用水设备、推广节水技术、加强用水行为监管等多个维度。通过采用节水型器具、改进灌溉方式、建立用水监测与反馈机制等手段,实现对水资源的高效管理与合理利用,降低水资源的浪费,提升建筑水资源的利用效率。

(二)加强用水计量管理

在建筑内部署用水计量设备,针对各用水单元实施精细化用水计量。此类计量设备应具备高精度、高稳定性与实时数据传输能力,能够准确捕捉各用水单元的用水动态信息。通过构建完善的用水计量体系,实现对建筑用水情况的全方位、全过程监测。用水计量工作的开展,为建筑节水管理提供了坚实的数据支撑与决策依据。借助对用水数据的深度分析与比对,可迅速识别用水异常情况,如用水量突增、用水模式异常等。一旦发现此类异常,能够及时启动预警机制,迅速定位问题源头,精准判断异常原因。基于用水计量结果与异常分析,可制定并实施针对性的节水管理措施。例如,对存在漏水隐患的管道进行及时维修与更换,对用水不合理的区域或设备进行用水行为调整与技术改造。通过用水计量与节水管理的有机结合,形成一套科学、高效、闭环的建筑节水管理体系,有效遏制水资源的浪费现象。

(三)开展节水宣传教育

强化针对建筑使用者的节水宣传教育工作,旨在提升使用者的节水意识,促使其形成正确的水资源利用观念。节水宣传教育应采用多元化、系统性的方式,以确保信息的有效传递与深度渗透。张贴节水标语是直观且有效的宣传手段之一。标语内容应简洁明了、富有感染力,能够迅速吸引使用者的注意力,并在潜移默化中强化其节水理念。标语可张贴于建筑内的显眼位置,如卫生间、洗漱间、食堂等用水场所,使使用者在日常活动中随时受到节水信息的熏陶。举办节水讲座则是更为深入、专业的教育方式。讲座可邀请节水领域的专家、学者或技术人员,围绕水资源现状、节水技术、节水方法等内容展开讲解。通过生动的案例、翔实的数据和专业的分析,让使用者深刻认识到水资源的珍贵与节水的重要性。通过宣传教育,引导使用者逐步养成良好的用水习惯,从日常生活的点滴做起,自觉践行节水行为,共同营造节水型建筑环境。

四、优化室内环境质量维护策略

(一)建立室内环境质量监测体系

构建一套完备且科学的室内环境质量监测体系,针对室内空气质量、温湿度以及光照等关键参数展开实时、动态的监测工作。该监测体系应依托先进、精准的监测技术与设备,确保能够全面、细致地捕捉室内环境参数的微小变化。在监测过程中,需对各项参数进行持续、稳定的数据采集与分析。通过专业的数据分析算法与模型,深入挖掘数据背后的潜在信息,精准识别室内环境质量的变化趋势与异常情况。一旦发现室内空气质量不达标、温湿度失衡或光照不合理等问题,监测体系应迅速发出预警信号。基于监测结果与预警信息,及时制定并实施针对性的处理措施。对于空气质量问题,可采取加强通风换气、引入空气净化设备等方式进行改善;对于温湿度异常,可调整空调、加湿器等设备的运行参数;对于光照不合理,可优化照明布局、更换节能灯具等。通过快速响应与有效处理,确保室内环境质量始终维持在健康、舒适的水平。

(二)加强通风换气管理

科学规划建筑通风系统的设计方案,以保障室内空气的有效流通。通风系统的设计需充分考量建筑的空间布局、功能分区以及气流组织特性,运用先进的空气动力学原理与模拟技术,优化通风管道的布局与风口设置,确保空气能够在室内形成合理、有序的流动路径。在实际运行过程中,应依据室内人员数量的动态变化以及空气质量实时监测数据,灵活调整通风换气量。通过建立智能控制系统,实现对通风设备的自动化调节。当室内人员密集或空气质量指标不佳时,自动增大通风换气量,加速室内外空气的交换,及时排出污浊空气,引入新鲜空气;而在人员较少或空气质量良好时,适当降低通风换气量,以节约能源。通过这种动态、精准的通风控制策略,能够实时满足室内人员对新鲜空气的需求,有效降低室内污染物浓度,提高室内空气质量。

(三)选用环保建筑材料

在建筑装修与改造进程中,应优先选用环保型建筑材料,以降低建筑材料所释放的有害物质对室内环境质量的负面影响。环保建筑材料具备低挥发性有机化合物(VOCs)释放、无毒无害等特性,从源头上减少室内空气污染源。在材料选型阶段,需全面考量材料的环保性能、功能特性及与建筑整体风格的协调性,确保所选材料既满足环保要求,又能契合建筑的实际需求。同时,强化对建筑材料的质量检测工作。建立严格且完善的质量检测体系,依据国家相关标准与规范,对进入施工现场的建筑材料进行全方位、多层次的检测。检测内容涵盖材料的化学成分、物理性能、环保指标等多个方面,确保材料质量符合规定要求。对于检测不合格的材料,应坚决予以退场处理,杜绝其进入施工环节。

五、完善设备设施维护策略

(一)采用预防性维护方法

摒弃传统的故障维修模式,转而推行预防性维护策略。预防性维护强调对设备设施进行定期、系统的检查、保养与维修工作,以主动的姿态应对设备设施运行过程中可能出现的问题。在预防性维护体系中,制订科学合理的检查计划是关键。依据设备设施的特性、运行规律以及使用频率等因素,确定适宜的检查周期与检查项目。通过定期巡检、专业检测等手段,全面收集设备设施的运行数据,精准识别潜在的性能衰退迹象与故障隐患。保养工作则侧重于对设备设施进行清洁、润滑、调试等操作,以维持其良好的运行状态,延缓设备老化进程。维修工作则针对检查中发现的轻微故障或潜在问题,及时进行修复与处理,防止问题进一步恶化。通过实施预防性维护,能够在设备设施出现故障之前,提前发现并解决潜在问题,避免设备突发故障对正常生产、生活秩序造成影响。

(二)建立设备设施全寿命周期管理机制

实施设备设施全寿命周期管理,即对设备从选型、采购、安装、使用、维护直至报废的全流程展开系统性、综合性管理。在全寿命周期管理框架下,各环节紧密衔接、协同运作,形成一个有机整体。设备选型阶段,需综合考量技术性能、可靠性、经济性等因素,确保所选设备符合实际需求与发展规划。采购环节要严格把控质量关,选择信誉良好的供应商。安装过程遵循专业标准与规范,保障设备安装质量。使用阶段建立科学操作规程,确保设备合理运行。维护环节制订详细计划,定期进行保养与维修,及时发现并处理潜在问题。依据设备设施的使用寿命与性能状况,科学规划设备的更新与改造。通过定期评估设备的技术状态、运行效率等指标,精准判断设备是否需要进行更新或改造。对于性能严重下降、无法满足使用需求的设备,及时进行更新换代;对于部分功能老化但仍有使用价值的设备,实施针对性改造,提升其性能与效率。

六、推进智能化管理策略

(一)整合建筑自动化系统

对建筑内部各自动化系统进行集成化处理,达成信息互通与协同运作的目标。集成化旨在打破不同自动化系统之间的信息壁垒,构建统一、高效的信息交互平台。借助先进的信息技术与通信协议,将楼宇自控系统、安防系统、能源管理系统等有机融合,使各系统能够实时共享关键数据与运行信息。在协同工作模式下,各自动化系统可根据共享信息自动调整运行策略,实现智能联动。例如,当楼宇自控系统检测到室内人员密度变化时,可及时将信息传递给能源管理系统,能源管理系统据此优化空调、照明等设备的运行参数,避免能源浪费。通过整合建筑自动化系统,能够显著增强建筑的管理效能。管理人员可借助集成平台,对建筑设备进行集中监控与统一调度,快速响应各类异常情况。同时,系统的协同工作有助于精准调控能源分配,提高能源利用效率,降低建筑能耗。

(二)推广智能建筑应用

大力推动智能建筑相关应用的普及,涵盖智能安防系统、智能停车系统以及智能家居系统等多个领域。智能建筑应用依托先进的信息技术、自动化控制技术与物联网技术,实现建筑功能与服务的智能化升级。智能安防系统借助高清监控、入侵检测、智能报警等技术手段,构建全方位、多层次的安全防护体系,有效保障建筑内人员与财产的安全。智能停车系统运用车牌识别、车位引导、智能收费等功能,优化停车流程,提高停车效率,解决停车难问题。智能家居系统则通过智能设备互联互通,实现家居环境的自动化控制与远程管理,为用户提供便捷、舒适的生活体验。智能建筑应用的推广,能够显著增强建筑的安全性、便利性与舒适性。在安全方面,可实时监测潜在风险并及时预警;在便利性上,简化操作流程,提高服务效率;在舒适性层面,根据用户需求自动调节室内环境参数。

第三节 运营管理的经济效益分析

一、影响运营管理经济效益的因素

(一)技术因素

1. 技术成熟度

智能建筑与绿色建筑所应用技术的成熟度,对运营管理的成效及经济效益产生直接且关键的影响。成熟技术在智能建筑与绿色建筑领域的应用,具备显著优势。其能够确保各类设备与系统的稳定运行,有效减少故障发生的概率,进而降低维护成本。稳定运行的设备与系统,可保障建筑功能的正常发挥,为使用者提供舒适、便捷的环境,也有助于提升建筑的整体形象与市场竞争力。然而,新兴技术在智能建筑与绿色建筑中的应用虽展现出一定的创新性与潜在优势,但也面临诸多挑战。新兴技术往往处于发展阶段,存在技术不稳定的问题,可能导致设备与系统运行出现异常,影响建筑的正常使用。此外,新兴技术的研发与应用成本通常较高,这不仅增加了项目的初期投资,也可能在后续运营中带来较大的成本压力。因此,在智能建筑与绿色建筑的建设与运营过程中,需综合考量技术的成熟度。对于成熟技术,应充分发挥其稳定可靠的优势;对于新兴技术,则需在充分评估风险与收益的基础上,谨慎应用,并在实际应用中持续进行完善与优化,以实现技术与效益的平衡。

2. 技术创新能力

企业所具备的技术创新能力,在智能建筑与绿色建筑运营管理的经济效益方面扮演着关键角色。技术创新能力较强的企业,在智能建筑与绿色建筑领域展现出显著优势。这类企业凭借自身强大的研发实力与创新机制,能够持续推出前沿的技术与产品。在智能建筑方面,新技术的应用可显著提升建筑的智能化水平。例如,先进的传感器技术、自动化控制系统以及大数据分析技术等,能够实现建筑设备的精准监控与智能调节,提高能源利用效率,降低运营成本。同时,创新的智能化服务系统,如智能安防、智能停车等,可提升建筑的使用便捷性与安全性,增强用户体验。在绿色建筑领域,技术创新有助于提升建筑的环保性能。新型节能材料、可再生能源利用技术以及高效的污水处理系统等,能够减少建筑对环境的负面影响,降低能源消耗与污染物排放。这不仅符合可持续发展的要求,也有助于提升建筑的社会形象与市场认可度。

通过不断推出新的技术和产品,企业能够提高智能建筑与绿色建筑的整体品质,使其在市场竞争中脱颖而出。具有更高智能化和环保水平的建筑,往往能够吸引更多的用户与投资者,从而提升建筑的市场价值与经济效益。

(二)管理因素

1. 运营管理水平

运营管理水平对智能建筑与绿色建筑的运行效率及成本控制起着决定性作用。在智能建筑与绿色建筑的运营过程中,科学合理的运营管理策略与方法具有显著积极意义。通过运用先进的管理理念与技术手段,能够实现对建筑设备与系统的精准调控和优化配置,进而提高设备的利用率。高效利用设备可避免资源的闲置与浪费,确保建筑各项功能能得以充分发挥。同时,科学的运营管理注重能源管理,通过采用节能技术与措施,如智能照明系统、高效的空调控制系统等,能够有效降低能源消耗。此外,合理的维护计划与措施能够及时发现并解决设备潜在问题,减少设备故障的发生,从而降低维护成本。良好的运营管理还能提升建筑的整体性能与服务质量,增强建筑的市场竞争力。反之,若运营管理不善,将会引发一系列问题。设备故障频发不仅会影响建筑的正常使用,还会增加维修成本与时间成本。能源浪费严重则会导致能源开支大幅增加,降低建筑的经济效益。而且,管理不善还可能造成建筑环境质量的下降,影响使用者的满意度与舒适度。

2. 人员素质

运营管理人员所具备的素质,是影响智能建筑与绿色建筑经济效益的关键要素。在智能建筑与绿色建筑的运营体系中,拥有专业知识和技能的运营管理人员发挥着至关重要的作用。此类管理人员具备扎实的专业知识,能够熟练操作和维护各类智能化设备和系统。他们熟悉设备的运行原理和技术参数,能够准确判断设备的工作状态,及时发现潜在问题并采取有效的解决措施。这不仅保障了设备与系统的稳定运行,减少了因设备故障导致的停机时间和维修成本,还提高了建筑的整体运行效率。同时,高素质的运营管理人员具备卓越的管理能力和创新思维。他们能够结合建筑的实际情况和市场需求,制定科学合理的运营管理方案。在方案制定过程中,会综合考虑设备的运行效率、能源消耗、维护成本等多个因素,通过优化资源配置和管理流程,实现建筑运营效益的最大化。此外,高素质的管理人员还善于运用先进的管理理念和技术手段,不断提升运营管理的水平和质量。他们注重与其他部门的协作与沟通,形成高效的工作团队,共同推动建筑运营工作的顺利开展。

（三）市场因素

1. 市场需求波动

市场需求的动态变化对智能建筑与绿色建筑的经济效益产生显著影响。在市场经济环境下,市场需求作为关键外部因素,直接作用于智能建筑与绿色建筑的运营收益。当市场需求呈现不足态势时,智能建筑与绿色建筑的出租率和入住率会相应下降。这一变化源于市场供需关系的失衡,潜在租户或购房者对建筑的需求降低,导致建筑空间闲置率上升。出租率和入住率的下降直接引发运营收入的减少,因为建筑的收益主要依赖于空间租赁或销售所带来的收入。同时,闲置空间还会增加建筑的维护成本和管理成本,进一步压缩利润空间,对经济效益产生负面影响。相反,当市场需求增长时,智能建筑与绿色建筑的吸引力会相应提升。随着人们对高品质、智能化和环保型建筑需求的增加,这些建筑能够更好地满足市场需求,从而提高出租率和入住率。较高的出租率和入住率意味着更多的运营收入,有助于提升建筑的经济效益。

2. 市场竞争程度

市场竞争的激烈程度对智能建筑与绿色建筑的经济效益具有显著影响。在高度竞争的市场环境中,企业面临着巨大的压力与挑战,这促使它们采取一系列策略以提升自身竞争力并保障经济效益。为在竞争中占据优势,企业需致力于降低成本。这涵盖了建筑建设、运营及维护等多个环节的成本控制。通过优化设计方案、采用高效节能材料与设备、提升管理效率等方式,企业可有效降低建筑的全生命周期成本。同时,提高服务质量也是吸引用户和投资者的关键。优质的服务包括提供舒适、便捷、安全的建筑环境,以及高效、专业的物业管理服务等,这些都能提升用户对建筑的满意度与忠诚度。激烈的市场竞争还激发了企业的创新动力。企业为脱颖而出,会不断加大研发投入,推动技术创新与管理创新。在智能建筑领域,创新可能体现在智能化系统的升级与优化上,如更智能的能源管理系统、更高效的安防系统等;在绿色建筑方面,创新可能聚焦于新型环保材料的应用、可再生能源的利用等。

二、提升运营管理经济效益的策略

（一）技术创新与应用

1. 加大研发投入

企业需强化对智能建筑与绿色建筑技术的研发投入力度,持续推动新技术与新产品的研发进程。在智能建筑与绿色建筑领域,技术创新是提升建筑性能、增强市场竞争力的核心驱动力。企业应充分认识到技术研发的重要性,积极调配资源,加大在相关技术研发方面的资金、人力与物力投入。通过持续的研发投入,企业能够不断探索智能建筑与绿色建筑技术的前沿领域,开发出更具创新性、实用性的技术与产品。这些新技术与产品不仅能够提高建筑的智能化水平,实现能源的高效利用与环境的友好保护,还能为用户带来更加舒适、便捷的使用体验,从而提升建筑的市场价值与经济效益。此外,企业应积极加强与科研机构、高校的合作,构建产学研深度融合的创新模式。科研机构与高校拥有丰富的科研资源、先进的研究设备与专业的科研人才,企业与之合作能够充分整合各方优势,实现资源共享与优势互补。通过开展产学研联合攻关,企业能够借助科研机构与高校的科研力量,解决在智能建筑与绿色建筑技术研发过程中遇到的难题,加速技术创新的进程。

2. 推广应用先进技术

大力推动成熟智能建筑与绿色建筑技术的广泛应用具有重要意义,诸如智能控制系统、太阳能光伏技术、地源热泵技术等。这些技术经过实践检验,具备高度的可靠性与有效性,在建筑领域的应用价值显著。智能控制系统的运用,能够实现建筑设备的自动化管理与精准调控。通过对建筑内照明、空调、通风等系统的智能控制,可根据实际需求实时调整设备运行状态,避免能源的浪费,提高能源利用效率,同时增强建筑使用的便捷性与舒适性。太阳能光伏技术作为一种清洁能源利用方式,可将太阳能转化为电能,为建筑提供部分电力需求。这不仅减少了对传统能源的依赖,降低了碳排放,还降低了建筑的用电成本。地源热泵技术则利用地下浅层地热资源进行供热和制冷,具有高效、节能、环保等优点,能有效降低建筑的能源消耗与运营成本。通过积极推广应用这些成熟的智能建筑与绿色建筑技术,能够显著提升建筑的智能化与环保水平。智能化水平的提升使建筑具备更强的自适应能力与高效管理能力;环保水平的提高则符合可持续发展的要求,有助于改善建筑的环境质量。

(二)优化运营管理

1. 建立科学的管理体系

构建完备的智能建筑与绿色建筑运营管理体系至关重要,需制定科学且合理的运营管理制度与流程。在智能建筑与绿色建筑的运营过程中,管理体系犹如基石,为建筑的稳定运行与高效管理提供坚实支撑。科学合理的制度与流程能够规范运营管理的各个环节,确保各项工作有条不紊地推进。运营管理制度应涵盖建筑的日常运营、设备维护、人员管理等多个方面,明确各部门与人员的职责与权限,使运营管理工作有章可循。流程设计要注重高效性与可操作性,确保各项任务能够迅速、准确地执行。同时,强化对设备和系统的监测与维护工作是保障建筑高效运行的关键。借助先进的监测技术与设备,对智能建筑与绿色建筑中的各类设备和系统进行实时、精准的监测。通过监测,能够及时发现设备和系统的运行异常,如设备故障、能耗异常等。一旦发现问题,应迅速组织专业人员进行排查与修复,将问题解决在萌芽状态,避免问题扩大化对建筑运行造成影响。定期的设备维护能够延长设备的使用寿命,提高设备的运行效率,降低设备的故障率。

2. 提高人员素质

强化对运营管理人员的培训与教育,是提升其专业知识与技能水平的关键举措。在智能建筑与绿色建筑的运营管理领域,技术不断更新换代,管理理念也日益创新,这就要求运营管理人员具备扎实的专业知识、丰富的实践经验和敏锐的市场洞察力。通过系统、全面的培训与教育,能够使运营管理人员及时掌握最新的技术动态和管理方法,不断优化自身的知识结构,提高解决实际问题的能力。培训内容应涵盖智能建筑与绿色建筑的技术原理、运营管理策略、设备维护技巧等多个方面,采用理论教学与实践操作相结合的方式,确保培训效果的最大化。同时,鼓励运营管理人员参加行业研讨会、学术交流活动等,拓宽视野,了解行业最新发展趋势。此外,建立科学合理的激励机制对于吸引和留住高素质的管理人才至关重要。激励机制应综合考虑物质激励与精神激励,如提供具有竞争力的薪酬待遇、良好的职业发展空间、丰富的培训机会等。通过激励机制,能够激发运营管理人员的工作积极性和创造力,使其更加主动地投入到工作中。

(三)拓展市场渠道

1. 加强市场推广

提升智能建筑与绿色建筑的市场推广强度,是提升其市场认知度与认可度的关键路径。在当前建筑市场多元化发展的背景下,智能建筑与绿色建筑凭借其独特的优势与特点,具有广阔的发展前景。然而,要让更多用户和投资者了解并接纳这类建筑,必须加大市场推广力度。市场推广工作应综合运用多种手段,举办展览与研讨会等活动是行之有效的途径。通过精心策划与组织建筑展览,能够直观展示智能建筑与绿色建筑在节能、环保、舒适等方面的卓越性能。展览中可以设置实物展示区、技术演示区等,让参观者亲身体验智能建筑与绿色建筑的魅力。研讨会则为行业专家、学者、企业代表等提供了一个交流与分享的平台。在研讨会上,可以深入探讨智能建筑与绿色建筑的发展趋势、技术创新、运营管理等方面的问题,促进知识的传播与交流。通过这些活动,全面宣传智能建筑与绿色建筑的优势和特点,如高效节能、健康舒适、智能化管理等,使用户和投资者深刻认识到这类建筑的价值与意义。

2. 开展多元化合作

积极推进多元化合作策略,与房地产开发商、物业管理公司、能源服务公司等构建稳固的合作关系。在智能建筑与绿色建筑的发展进程中,多元化合作具有不可忽视的重要意义。不同主体在各自领域拥有独特的资源与优势,通过合作能够实现资源的有效整合与优势互补。房地产开发商在项目开发、市场推广等方面具备丰富的经验与强大的资源;物业管理公司熟悉建筑的日常运营与管理,能够为用户提供优质的服务;能源服务公司则在能源管理、节能技术应用等方面拥有专业的技术与能力。与这些主体建立合作关系,有助于智能建筑与绿色建筑项目在多个环节实现协同发展。在项目开发阶段,可借助房地产开发商的资源与渠道,提高项目的落地效率;在运营管理阶段,物业管理公司的专业服务能够提升建筑的使用体验与品质;在能源管理方面,能源服务公司的技术支持能够降低建筑的能耗,提高能源利用效率。

第七章　智能建筑与绿色建筑的融合创新实践

第一节　融合创新的设计理念

一、整体性与系统性设计

（一）综合考虑建筑与环境的关系

　　智能绿色建筑的环境响应设计需构建气候适应性技术体系，通过建筑形态参数优化与动态调控策略协同，实现人工系统与自然生态的有机耦合。在规划层面，应基于地理信息系统与建筑气候分析软件，量化评估场地微气候特征，通过建筑布局拓扑优化与朝向选择算法，使建筑群体形态与主导风向形成最佳夹角，提升自然通风效率。遮阳系统设计需融合参数化建模与辐射模拟技术，采用可调节外遮阳构件，其动态响应机制可根据太阳高度角与方位角实时调整。智能调控系统应构建环境感知—决策—执行闭环，通过多源传感器网络实现环境参数的时空连续监测，运用机器学习算法建立环境变量与建筑能耗的关联模型。基于数字孪生技术构建的建筑环境仿真平台，可预测不同气候情景下的建筑性能表现，动态优化设备运行策略。技术实施需遵循被动式优先原则，优先通过建筑本体设计降低能耗需求，再辅以智能技术提升系统效率。材料选择方面，应推广相变储能材料、低辐射玻璃等气候响应型建材，其热工性能参数需与地域气候特征相匹配。

（二）实现建筑各系统的协同与优化

　　智能绿色建筑的系统整合需构建跨域协同优化框架，通过多能源系统耦合与资源流动态调控，实现建筑性能的全局最优。在能源系统层面，应建立包含冷热电三联供、可再生能源发电与储能装置的混合能源网络，采用模型预测控制算法实现源—荷双侧协同，提升能源利用效率。空调系统优化应突破传统独立控制方式，建立热湿联合处理机制。通过建筑信息模型与计算流体力学仿真，确定最优气流组织与温湿度分布方案，结合变风量末端装置与相变蓄能技术,使空调能耗降低。照明系统需发展光谱可调固态照明技术,集成光环境舒适度模型与人体节律感知算法,实现照度、色温与显色指数的动态优化,在保障视觉健康的同时减少照明能耗。系统协同需构建统一数据中枢,采用OPC UA over TSN 标准实现多源异构数据融合,运用数字孪生技术建立建筑系统虚拟映射。通过联邦学习框架实现分布式智能决策,使各子系统在保持自主性的同时达成全局协同。

二、可持续性与环保性设计

(一)选用绿色建材与可再生材料

智能绿色建筑的材料选型应构建环境负荷最小化技术体系,通过全生命周期评估与性能导向设计方法,实现建材环境影响的系统优化。绿色建材的选用需遵循多维度评价标准,涵盖原材料开采的生态足迹、生产过程的碳排放强度、使用阶段的能效表现及废弃处置的循环利用率等关键指标。优先采用生物基材料、再生骨料混凝土等低碳建材,其环境效益应通过量化对比分析验证,确保较传统材料实现碳减排。材料性能监测需建立多尺度传感网络,集成分布式光纤传感器与无线射频识别技术,实时获取材料的应力应变状态、温湿度响应特性及老化降解规律。基于机器学习的退化模型可预测材料剩余寿命,为维护策略提供数据支撑。智能选材系统应构建材料性能数据库与决策支持平台,运用遗传算法优化材料组合方案。在墙体构造中,可采用相变储能材料与气凝胶保温层的复合结构,通过热工性能模拟确定最佳厚度配比,使建筑围护结构传热系数降低。同时,应开发材料逆向设计工具,基于目标性能参数反推材料组分与微观结构,推动新型绿色建材的研发迭代技术实施需建立材料环境声明(EPD)认证体系,确保建材环境数据可追溯、可验证。通过区块链技术实现供应链信息透明化,结合碳足迹标签制度,引导市场向低碳化方向转型。

(二)实现建筑的资源循环利用

智能绿色建筑的资源循环体系应构建物质流全周期管控框架,通过系统集成与智能优化实现水资源与废弃物的价值重构。在水资源循环利用方面,需建立多源非常规水收集网络,集成雨水花园、中水回用与灰水回收系统,采用膜生物反应器(MBR)与反渗透(RO)组合工艺,使非传统水资源利用率提升。废弃物管理系统需构建智能分类与资源化技术路径,运用计算机视觉与深度学习算法实现垃圾自动识别。通过气力输送与自动压缩装置,实现可回收物的高效收集与转运。有机废弃物应采用厌氧消化和好氧堆肥协同处理技术,以提高生物气产率,并将残渣转化为生物有机肥用于屋顶绿化和垂直农场的建设。系统集成需建立物质流分析模型,运用物质流分析(MFA)方法量化资源代谢过程,识别关键瓶颈节点。通过数字孪生技术构建资源循环虚拟仿真平台,预测不同情景下的资源利用效率与环境效益。技术实施应制定资源化产品标准体系,确保再生水、生物燃气等产品的质量与安全性。建立建筑废弃物资源化产业链协同机制,通过区块链技术实现资源流转信息追溯,推动建筑废弃物资源化率提升。

(三)促进建筑的生态与景观相融合

智能绿色建筑的生态融合设计应构建生物气候协同优化框架,通过景观生态学与建筑环境学的交叉创新,实现人工系统与自然生态的有机耦合。景观设计需遵循生态演替规律,采用本土植物群落配置模式,构建乔—灌—草复合植被结构,提升生物多样性。运用计算流体力学(CFD)模拟分析风场与热环境分布,优化建筑布局与绿化形态,形成微气候调节廊道,降低城市热岛效应。绿化系统应发展立体化与功能化配置策略,结合垂直绿化与屋顶花园技术,采用自动滴灌与智能补光系统,提升单位面积绿量。生态环境监测需构建多尺度感知网络,集成温湿度传感器、土壤墒情监测仪与生物多样性监测设备,运用无线传感器网络(WSN)实现环境参数时空连续观测。基于生态模型的大数据分析平台,可预测植被生长趋势与生态系统服务变化,为景观动态调整提供决策支持。技术实施应建立生态绩效评价体系,涵盖碳汇能力、生境质量、景观美学等维度,采用层次分析法确定指标权重。开发建筑—生态协同设计工具,集成参数化建模与生态模拟算法,实现景观方案的环境适应性优化。

三、智能化与人性化设计

(一)提升建筑的智能化水平

智能绿色建筑的技术赋能应构建全域感知—认知—决策闭环体系,通过物联网、大数据与人工智能的深度融合,实现建筑环境智能调控与自适应优化。物联网架构需采用分层分布式拓扑,部署多模态传感器网络,涵盖环境参数监测、设备状态感知能耗、振动等与行为识别人体移动、姿态等,实现物理空间全要素数字化映射。边缘计算节点应集成数据清洗与特征提取算法,降低云端传输负荷。智能安防系统需建立多源信息融合框架,运用计算机视觉与声纹识别技术,构建异常行为检测模型。通过三维点云数据与深度学习算法,实现入侵检测的准确率。系统应具备自学习能力,通过联邦学习机制不断更新威胁特征库,适应新型安全风险。智能照明系统应发展光环境动态优化策略,集成环境光学传感器与人体存在检测装置,构建照明舒适度评价模型。采用模型预测控制(MPC)算法,根据自然光照度变化与空间使用模式,实时调整LED光源的显色指数与色温,实现照明能耗降低的同时提升视觉工效。

(二)满足用户的个性化需求

智能绿色建筑的个性化服务设计应构建用户行为—环境响应协同机制,通过智能家居系统与智能服务系统的深度集成,实现居住体验的精准适配与动态优化。智能家居系统需建立用户画像模型,运用非侵入式传感器与边缘计算技术,实时捕捉用户行为模式,如作息规律、设备使用偏好等,结合机器学习算法预测用户个性化需求。环境控制系统应采用多目标优化策略,在热舒适模型与能耗约束条件下,动态调整室内温湿度、新风量等参数,提升个性化满意度。智能服务系统应发展场景化服务编排技术,集成物联网中台与语义理解引擎,实现跨平台服务资源的智能聚合。通过自然语言处理(NLP)与知识图谱技术,解析用户显性与隐性需求,构建服务推荐模型。技术实施需建立用户隐私保护机制,采用联邦学习与差分隐私技术,确保行为数据采集的合规性与安全性。开发多模态交互界面,融合语音识别、手势控制与情感计算,增强服务交互的自然性与友好性。系统评估应建立用户体验量化指标体系,涵盖环境舒适度、服务响应度、隐私安全感等维度,运用层次分析法(AHP)确定权重系数。

(三)增强建筑的人机交互性

智能绿色建筑的人机交互设计应构建多模态感知-决策-执行一体化框架,通过自然交互界面与智能预测算法的协同创新,实现建筑环境控制的直觉化与自适应化。交互界面设计需遵循认知负荷最小化原则,采用扁平化信息架构与隐喻化视觉编码,缩短用户操作路径。集成语音识别、手势识别与眼动追踪技术,构建多通道交互模态,提升交互自然度与容错率。需求预测系统应建立用户行为时序模型,运用长短期记忆网络分析历史交互数据,结合环境传感器实时反馈,构建动态需求图谱。通过关联规则挖掘技术,识别用户行为模式与建筑设备状态之间的潜在联系。智能建议引擎需开发多目标优化算法,在能源效率、设备寿命与用户舒适度等约束条件下,生成帕累托最优运行策略。采用模型预测控制与强化学习技术,动态调整空调送风参数与电梯调度方案,使建筑能耗降低的同时提升用户满意度。

四、灵活性与可适应性设计

(一)增强建筑的空间灵活性

智能绿色建筑的空间适应性设计应构建模块化重构与智能响应协同体系,通过标准化单元组合与动态配置技术,实现建筑空间功能的多态演化。模块化设计需遵循 SI 分离原则,采用预制装配式结构体系,使空间单元具备标准化接口与可替换特性,缩短改造施工周期。可拆卸连接技术应满足抗震设防要求,同时保证节点重复拆装次数不要过多,确保空间重构的经济性与可持续性。空间监测需部署多模态感知网络,集成激光雷达与 UWB 定位技术,构建厘米级精度空间使用图谱。运用时空聚类算法分析人员动线与设备使用模式,识别空间利用低效区域。通过数字孪生技术建立建筑空间动态模型,实时映射空间状态参数,为空间优化提供数据基底。智能决策系统应开发空间配置优化算法,在功能兼容性矩阵与流线效率约束下,生成多目标优化方案。采用遗传算法与模拟退火混合策略,平衡空间改造代价与功能提升收益,提升空间利用率。技术实施应建立空间性能评估体系,涵盖功能适配度、改造经济性、环境舒适度等维度,运用层次分析法确定指标权重。开发空间重构仿真平台,支持不同配置方案的可视化推演与效能预测。

(二)增强建筑的适应性

智能绿色建筑的韧性设计应构建环境响应与结构自适应协同体系,通过耐候性材料应用与智能监测技术的深度融合,提升建筑在极端环境下的生存能力与功能维持水平。结构系统需采用延性抗震设计理念,运用形状记忆合金与高性能混凝土复合技术,使结构在遇地震作用下仍保持弹性状态。围护体系应开发多尺度防护技术,集成超疏水涂层与相变储能材料,实现建筑表面防冰雪附着与温度波动衰减。环境监测需构建天地一体化感知网络,集成气象卫星数据与地面微气象站,运用卡尔曼滤波算法实现风速、降水等参数的高精度预测。数字孪生平台应建立环境—结构耦合模型,模拟不同灾害场景下的建筑响应,为防护策略优化提供决策支持。智能响应系统需开发多目标优化算法,在结构安全、功能连续性与能耗约束下,生成动态防护方案。采用模型预测控制(MPC)技术,根据灾害预警等级自动调整建筑运行模式,如台风来临前启动抗风阻尼系统,地震预警后启动应急疏散引导系统。技术实施应建立韧性评估指标体系,涵盖结构鲁棒性、功能恢复力与环境适应性等维度,运用模糊综合评价方法进行量化评估。

第二节 融合创新的技术应用

一、智能节能技术

(一)智能照明系统

智能照明系统作为智能建筑与绿色建筑融合创新的关键应用,依托传感器技术、通信技术与自动控制技术,达成了建筑照明的智能化管控。在传感器技术应用方面,光纤传感器发挥着重要作用。其能够精准感知室内光线强度,并依据感知结果自动调节照明亮度。在白天光线充足时,系统可自动降低照明灯具的亮度或关闭部分灯具,有效避免了因过度照明引发的能源浪费现象,显著提升了能源利用效率。人体红外传感器则可实时检测人员的活动状态,当检测到人员离开房间时,系统会迅速自动关闭照明灯具,进一步减少了不必要的能源消耗。智能照明系统还具备与其他建筑系统集成的优势。例如,与智能安防系统集成后,当发生安全事件时,系统能够自动开启照明灯具。这一功能不仅为安全事件的处理提供了必要的照明条件,还增强了建筑的安全性,有助于及时应对各类突发情况。从智能建筑与绿色建筑融合创新的角度来看,智能照明系统通过智能化控制和系统集成,实现了能源的高效利用和建筑安全性的提升。它符合绿色建筑节能减排的要求,也体现了智能建筑智能化、自动化的特点。

(二)智能空调系统

智能空调系统依托高精度传感器与先进控制算法,构建动态环境感知与自适应调节体系。其核心功能通过多模态环境参数感知模块实现,该模块集成温湿度、光照强度及空气质量传感器,形成多维数据融合网络,为系统决策提供实时环境画像。基于热力学模型与人体工效学原理,系统采用分层递阶控制架构,通过预设舒适度阈值区间实现空调运行参数的动态优化,涵盖温度设定点、湿度调节范围及气流速率等关键变量。在空间维度上,系统引入区域化控制策略,结合建筑功能分区与人员密度分布特征,构建动态热负荷预测模型。该模型通过机器学习算法分析历史运行数据与环境变量的关联性,实现不同功能区域的差异化控制,有效消除传统集中式空调系统的能量冗余。在能源利用层面,系统整合地源热泵技术与相变储能装置,构建复合式冷热源系统。通过地下浅层地热能与相变材料的显热/潜热存储特性,形成昼夜能源供需的时间解耦机制,显著提升冷热源系统的能效比。控制算法层面采用模型预测控制(MPC)框架,结合滚动优化与反馈校正机制,在满足环境舒适度约束的前提下,实现空调系统的全局能耗最小化。该算法通过在线求解多目标优化问题,动态平衡热舒适性指标与能源消耗成本,形成具有自适应能力的智能控制闭环。

(三)智能能源管理系统

智能能源管理系统作为建筑能源动态调控的核心平台,构建了多源异构能源数据的实时采集与融合分析框架。该系统通过部署高精度智能电表、流量传感器及燃气计量装置,形成对建筑电力、燃气及水资源消耗的全维度感知网络,实现分钟级能耗数据的同步采集与传输。基于时间序列分析与空间聚类算法,系统对原始能耗数据进行深度挖掘,识别不同功能分区的能源使用模式特征,建立能耗异常检测模型以定位管网泄漏、设备空转等隐性浪费源。在能源优化决策层面,系统采用双层优化控制架构:上层基于建筑负荷预测模型与电网实时电价信号,运用动态规划算法生成分时用电策略,通过冷热电联供系统协同调度实现峰谷负荷转移;下层依托分布式能源资源评估模型,整合光伏发电、地源热泵等可再生能源系统,构建源—荷双向互动机制。通过引入模型预测控制(MPC)理论,系统能够在满足建筑热舒适性约束的前提下,动态优化能源分配方案,实现能效提升与成本降低的双重目标。系统进一步集成设备能效诊断模块,采用基于数据驱动的设备性能衰退预测技术,对空调机组、照明系统等关键用能设备进行健康状态评估。通过建立能源绩效基准模型与实时对标分析,系统可量化节能改造措施的潜在收益,为建筑能源管理提供闭环反馈与持续改进路径。

二、智能环境监测与调控技术

(一)室内环境质量监测

室内环境质量监测作为构建健康建筑空间的关键技术路径,其智能化实现依赖于多物理场耦合感知网络与自适应调控系统的协同创新。通过集成高精度气体传感器阵列与微环境参数感知模块,监测系统可同步获取室内空气质量指标及热湿环境参数的动态变化特征,形成多维环境状态空间的全域映射。基于阈值预警模型与模式识别算法,系统能够实时甄别环境参数异常波动,触发分级响应机制,通过智能联动通风设备与空气净化装置实现污染物的定向清除与浓度控制。在环境参数分析层面,系统采用时间序列分析与机器学习技术,构建室内环境品质演化模型,揭示污染物扩散规律与人体暴露风险之间的定量关系。通过长期监测数据的深度挖掘,可识别建筑围护结构热工性能衰减、设备运行效率下降等潜在问题,为建筑性能优化提供数据驱动的决策支持。这种基于物联网与人工智能的室内环境智能管控体系,不仅提升了环境健康风险的主动防控能力,更通过数据闭环反馈机制推动了建筑从静态设计向动态响应、从单一节能向全维度性能提升的范式转型。

(二)室外环境监测与调控

室外环境动态监测与响应调控是提升建筑能效与空间品质的重要技术路径。通过部署多参数气象传感网络,智能建筑可实时获取温度、湿度、风速、风向及降水强度等环境要素的时序数据,构建室外微气候特征图谱。基于环境参数与建筑热工性能的耦合分析模型,系统采用自适应控制算法驱动遮阳装置、通风系统等主动式响应部件,实现建筑围护结构动态调节。环境感知数据通过边缘计算单元进行实时处理,提取气象条件对建筑能耗的关键影响因子,为能源管理系统提供动态边界条件。系统采用模型预测控制(MPC)框架,将室外环境预测信息与建筑负荷特性相结合,优化冷热源系统运行策略与分布式能源调度方案。通过构建气象—能耗关系数据库,运用机器学习算法挖掘不同气象工况下的最优控制参数组合,形成基于数据驱动的建筑能源动态管理模型。这种环境感知与建筑调控的协同机制,不仅增强了建筑应对气候变化的韧性,更通过精细化能源管理实现了环境适应性与能效提升的双重目标。其技术本质在于建立室外环境动态变化与建筑系统响应策略之间的量化映射关系。

三、可再生能源利用技术

(一)太阳能利用

太阳能作为可持续能源体系的核心组成部分,其与建筑系统的深度耦合为能源结构转型提供了创新路径。基于光伏效应的光电转换装置通过半导体材料的光生伏特特性,将太阳辐射能转化为直流电能,形成建筑供能系统的分布式电源节点。智能光伏系统采用多层级监测架构,通过高精度传感器网络实时采集光伏组件的电气特性参数,结合环境光强传感器与气象数据接口,构建动态工况数据库。系统运用扰动观察法与增量电导法等最大功率点跟踪(MPPT)算法,根据光照强度时变特性与负载功率需求,实时调整光伏阵列的工作点,优化能量转换效率。通过引入模型预测控制(MPC)策略,系统可提前预判光照变化趋势,动态调节 DC-DC 变换器的占空比,实现光伏系统输出功率的平滑调节。在能量管理方面,系统采用分层储能架构,将盈余电能优先存储于本地电池组,通过双向变流器实现电能时移;当储能容量达到阈值时,经智能电表计量后并入区域微电网,参与电力市场辅助服务。这种光伏—建筑一体化(BIPV)系统通过能量流与信息流的深度耦合,不仅提升了可再生能源的就地消纳能力,更通过需求侧响应机制提升了电网的柔性调节能力。其技术价值体现在构建了建筑从被动受能到主动产能的范式转变。

(二)风能利用

在风能富集区域,建筑集成化风力发电系统为可再生能源利用提供了创新解决方案。基于空气动力学原理的小型风力发电机组通过叶片的气动设计捕获风能,经增速齿轮箱与永磁同步发电机实现机械能到电能的转换。智能风力发电系统采用多传感器融合技术,实时采集风速、风向、风切变等气象参数,结合激光雷达测风数据与机器学习算法,构建三维风场动态模型。系统运用自适应桨距角控制策略,根据实时风况调整叶片攻角,优化风能捕获系数;通过变速恒频控制技术,使发电机转速跟随风速变化,维持输出电能频率稳定。基于模型预测控制(MPC)框架,系统可提前预判风功率波动,动态调节最大功率点跟踪(MPPT)参数,提升低风速工况下的发电效率。在能量管理层面,系统采用分层协调控制架构,将风力发电输出与建筑负荷需求、储能系统状态进行实时匹配,优先满足建筑本体用电需求,盈余电能经电力电子变换装置并入微电网或存储于本地储能单元。这种建筑—风电耦合系统通过能量流与信息流的深度协同,实现了风能资源的高效捕获与建筑用能的动态平衡。其技术价值在于构建了分布式能源生产与消费的一体化模式,不仅提升了建筑能源系统的自给率,更通过需求侧响应机制增强了区域电网的韧性。

(三)地热能利用

地热能作为浅层地温能开发利用的核心载体,其与建筑能源系统的耦合为可持续供能提供了创新路径。地源热泵系统通过垂直或水平埋管换热器与地下岩土体形成热传导通道,基于逆卡诺循环原理实现低位热能与高位热能的定向转换。智能地源热泵系统采用分层分布式监测体系,通过地埋管群温度传感器阵列与热泵机组状态监测模块,实时获取岩土体热物性参数及设备运行特征,构建动态热响应模型。系统运用模型预测控制(MPC)算法,结合建筑热负荷预测模型与岩土体热平衡约束条件,动态优化热泵机组蒸发温度、冷凝温度等关键运行参数。通过引入自适应学习机制,系统可根据历史运行数据修正热物性参数预测模型,提升不同地质条件下的系统适应性。在能量管理层面,系统采用多目标优化策略,平衡供暖/制冷需求与地埋管区域热堆积风险,通过间歇运行模式与热回收技术延长系统使用寿命。

四、BIM 与绿色设计融合技术

(一)BIM 技术在绿色设计中的应用

建筑信息模型技术作为建筑全生命周期数字化管理的核心载体,为智能建筑与绿色建筑的协同创新提供了数据融合平台。该技术通过参数化建模手段,实现建筑几何形态、物理属性与功能特征的语义化集成,构建多维信息关联的数据库框架。在绿色设计领域,BIM 技术基于动态仿真引擎与能耗分析算法,可对建筑方案进行多物理场耦合模拟,量化分析不同设计参数对能耗指标的影响权重,形成设计参数优化解集。通过集成环境性能分析模块,BIM 系统可模拟建筑在自然通风、采光、热辐射等环境要素作用下的动态响应,为被动式设计策略提供量化依据。在材料管理维度,BIM 平台建立绿色建材性能数据库,通过语义检索与合规性校验机制,实现材料环保指标的实时比对与优选。系统采用本体论方法构建材料—构件—建筑系统的关联映射,支持从材料选型到施工应用的全链条追踪。这种基于 BIM 的数字化协同机制,本质上构建了建筑环境性能与物质流信息的映射关系,使绿色设计从经验驱动转向数据驱动。其价值不仅体现在设计阶段的方案优化,更贯穿于建筑运维阶段的性能监测与改造决策,形成了覆盖建筑全生命周期的闭环管理体系。

(二)BIM 与智能建筑系统的集成

建筑信息模型技术与智能建筑系统的深度耦合,构建了建筑全生命周期数字化管控的新范式。在施工阶段,BIM 模型通过集成进度计划数据与三维空间信息,形成 4D 施工模拟环境,实现工序衔接可视化、资源调配动态优化及质量缺陷预控。系统采用基于本体的语义建模技术,将施工工艺标准、质量验收规范等规则嵌入模型,通过实时数据比对自动触发合规性校验,提升施工过程的标准化程度与可控性。进入运营阶段,BIM 模型作为建筑数字孪生体的核心载体,与楼宇自动化系统(BAS)、能源管理系统(EMS)等实现语义级数据互操作。通过开发开放接口协议与数据映射机制,系统可同步获取设备运行参数、能耗数据、环境指标等实时信息,构建建筑性能动态评估模型。当设备出现异常工况时,基于知识图谱的故障诊断引擎可自动关联设备三维定位、型号参数、历史维护记录等多源数据,生成包含可视化路径指引的维修工单,显著缩短故障响应时间。这种 BIM-智能建筑协同机制的本质在于建立了建筑物理实体与数字模型之间的双向数据通道,使建筑运维管理从被动响应转向主动预防。

五、智能运维与绿色设施管理技术

(一)智能运维系统

智能运维系统作为建筑设施全生命周期管理的核心技术框架,通过物联网感知层、大数据分析层与人工智能决策层的协同架构,实现了设备状态监测、故障诊断及预测性维护的智能化升级。系统采用多模态传感器网络对关键设备进行实时状态感知,采集温度、压力、振动频谱等物理量时序数据,构建设备健康状态多维特征空间。基于深度学习的故障诊断模型运用卷积神经网络(CNN)与长短期记忆网络(LSTM)融合架构,对原始信号进行特征提取与模式识别,通过迁移学习机制建立设备故障特征库,实现异常工况的精准定位与分级预警。系统采用数字孪生技术构建设备虚拟映射模型,结合历史运维数据与失效模式分析,运用蒙特卡罗仿真预测设备剩余使用寿命(RUL),制定动态维护策略。在维护决策层面,系统基于多目标优化算法平衡设备可靠性、维护成本及停机风险,生成包含维护时间窗、备件需求清单、操作指导方案的智能工单。通过引入边缘计算节点实现数据本地化处理,降低云端传输延迟,提升系统响应速度。这种基于数据驱动的智能运维范式,本质上构建了设备物理状态与数字模型的闭环反馈机制,使维护决策从经验依赖转向数据驱动。

(二)绿色设施管理技术

绿色设施管理技术通过系统化策略实现建筑环境负荷的精细化管控,其核心在于构建资源循环与能效优化的协同机制。在水资源管理系统层面,该技术采用智能计量装置与物联网感知网络,通过高频数据采集与异常模式识别算法,实现用水行为的实时监测与漏损事件的精准定位。系统结合建筑给排水系统的拓扑结构特征,运用水力模型仿真技术优化管网压力分布,降低背景渗漏率。在固体废弃物管理领域,该技术基于多光谱识别与机器学习算法,开发智能分类装置实现混合垃圾的成分解析与自动分拣。通过构建垃圾产生—分类—处理的全链条数据模型,系统可动态优化收集路线与转运策略,减少运输过程中的二次污染。结合热解气化、厌氧发酵等先进处理技术,实现有机废弃物的能源化转化与无机物的材料化回收,形成"减量化—资源化—无害化"的闭环管理路径。这种技术体系的本质在于通过物质流分析与能量流调控,重构建筑设施的环境交互模式。其价值不仅体现在资源利用效率的提升,更通过污染源头控制与过程减排,降低了建筑全生命周期的环境足迹。

第八章　智能建筑与绿色建筑的环境影响评估

第一节　环境影响评估的基本概念与方法

一、基本概念

环境影响评估(Environmental Impact Assessment,EIA)作为环境管理与决策的关键工具,构建了系统性预判与调控人为活动环境效应的分析框架。其核心在于通过多学科交叉方法,对建设项目、区域开发规划等干预行为可能引发的环境扰动进行全周期解析,涵盖直接生态破坏、间接资源消耗、长期生态演替以及多源累积效应等多维度影响路径。从技术逻辑层面,EIA 通过构建"压力—状态—响应"分析模型,量化识别项目实施过程中的环境胁迫因子,评估生态系统承载阈值及恢复潜力。其方法论体系整合了环境化学、生态毒理学、景观生态学等多学科理论,采用矩阵分析、情景模拟、地理信息系统(GIS)空间叠置等技术手段,实现环境影响的可视化表征与动态预测。在影响识别阶段,系统甄别大气、水体、土壤等环境介质的污染扩散路径,同时评估景观格局破碎化、生物栖息地丧失等生态过程改变。该评估机制的本质价值在于建立环境风险预警与决策优化系统,通过识别关键环境敏感点与阈值,提出基于生态补偿、清洁生产、循环经济等原理的减缓措施体系。其决策支持功能体现在为项目选址、工艺选择、污染控制等关键环节提供科学依据,推动发展模式向环境可持续方向转型。

二、核心要素

(一)系统性识别

环境影响评估的核心环节在于构建多维影响识别框架,实现对人为活动环境效应的全方位解析。该过程需建立跨介质影响识别体系,系统甄别大气环境中气态污染物与颗粒物排放、水体生态系统中化学需氧量与富营养化风险、土壤基质中重金属累积与酸化过程等污染性影响路径。同时,需整合生态学、景观学及文化遗产保护等多学科理论,评估生态系统服务功能退化、自然景观视觉完整性破坏、文化遗产原真性丧失等非污染性影响维度。在技术层面,影响识别需采用分层递进分析方法,首先通过清单分析法识别潜在影响因子,继而运用矩阵模型量化影响强度与发生概率。对于复合性影响,需建立多介质耦合模型,解析大气沉降—土壤污染—地下水迁移的链式反应机制。该识别体系的科学价值体现在其系统性特征:既关注直接环境效应,也追踪间接影响传导路径;既考量即时影响强度,也评估长期累积效应。通过构建"压力—状态—响应"逻辑链条,识别关键环境敏感点与阈值,为后续影响预测与减缓措施制定提供基准参数。

(二)预测与评估

环境影响评估的后续关键阶段聚焦于构建动态预测与综合评估体系,基于前期系统性识别成果,对人为活动引发的环境效应进行量化推演与多维度评价。该过程需建立多尺度影响预测模型,涵盖从局部污染扩散到区域生态系统演替的时空异质性分析,通过耦合大气扩散模型、水文过程模拟及生态阈值分析等技术手段,解析环境影响的作用强度、空间范围及持续周期。在后果评估层面,需构建包含生态服务功能损失、经济外部性成本及社会福祉变化的综合评估框架,采用环境价值核算、成本效益分析及社会影响评价等方法,量化环境退化的直接损失与间接效益。预测模型的科学性依赖于多源数据融合与不确定性分析,需整合环境监测数据、遥感反演信息及社会经济统计资料,通过蒙特卡罗模拟、情景分析等方法表征参数不确定性对预测结果的影响。评估过程应遵循"压力—状态—响应"逻辑链,识别关键环境敏感点与阈值,建立影响程度分级标准与风险矩阵。该预测评估体系的本质价值在于其决策支持功能,通过量化环境成本与收益,为项目选址优化、工艺参数调整及环境管理策略制定提供科学依据。其方法论创新体现在将传统环境影响评价拓展至生态系统服务权衡、社会公平性考量等更广泛维度,推动环境治理范式向预防性、系统性方向转型。

(三)对策与措施

环境影响评估的终端环节聚焦于构建多维响应机制,基于预测评估结论,系统提出环境风险防控与生态修复策略。该过程需建立分层递进的对策体系,涵盖工程干预、管理优化及制度保障等维度。在工程措施层面,应设计污染源头控制设施与末端治理系统,如构建高效污染物截留装置、开发低能耗废水处理工艺等,通过技术创新实现污染负荷削减。在管理措施层面,需制订环境管理行动计划,明确环境监测指标、风险预警阈值及应急响应程序,建立环境绩效跟踪与持续改进机制。对策制定需遵循"预防优先、综合治理"原则,优先采用清洁生产技术与生态设计理念,从源头降低环境风险。对于已产生的生态退化,应开发基于自然解决方案(NbS)的修复策略,如构建人工湿地系统、实施退化土地生态恢复等。该响应机制的本质价值在于其系统性调控功能,通过技术、管理与制度的协同作用,实现对环境影响的梯度控制与生态功能的渐进恢复。

(四)跟踪监测

环境影响评估的闭环管理环节需构建动态跟踪监测体系,在项目全生命周期内实施环境绩效验证与适应性管理。该过程应建立多层级监测网络,整合环境质量监测、生态过程观测及社会经济指标追踪,通过高频次数据采集与多源信息融合,实现对环境影响的实时表征与趋势预判。监测指标设计需覆盖污染物质迁移转化、生态系统服务功能变化及环境敏感目标响应等维度,采用生物监测、遥感反演及物联网感知等技术手段,提升监测数据的时空分辨率与精度。有效性评估需构建"措施—响应"关联分析模型,通过对比监测数据与预测情景,量化对策措施的污染削减效率与生态修复成效。对于偏差超过预设阈值的情况,应启动诊断分析程序,识别措施执行缺陷或环境系统非线性响应机制,及时调整管理策略。该监测体系的科学价值在于其反馈调控功能,通过数据驱动的适应性管理,确保环境影响始终处于可控阈值内。其方法论创新体现在将传统静态评估拓展至动态过程管理,推动环境治理范式向预防性、精细化方向转型。

三、主要方法

(一)环境影响识别方法

1. 核查表法

核查表法作为环境影响评估的初筛工具,通过构建结构化环境因子清单,系统识别规划行为可能引发的生态扰动类型与影响性质。该方法将环境要素、影响类别及作用路径进行矩阵化排列,采用定性分级或半定量赋分机制,对潜在环境效应进行标准化表征。然而,该方法存在方法论局限性。清单编制需整合多学科知识体系,涵盖大气扩散、水文循环、生态演替等复杂过程,导致核查表构建呈现高耗时性与专业门槛。其本质缺陷在于割裂了"污染源—受体"作用链,仅停留于影响类型罗列层面,未能建立剂量—响应关系模型,难以量化影响强度与时空分布特征。尽管存在局限,核查表法仍可作为环境影响评估的前置工具,通过结构化清单管理实现影响识别的系统化与标准化。其科学价值主要体现在环境风险初筛与关键因子识别,后续需结合矩阵分析、系统动力学模型等工具,构建"清单识别—机制解析—综合评估"的递进式技术体系,以增强环境影响评估的完整性与可靠性。

2. 矩阵法

矩阵法作为环境影响评估的量化分析工具,通过构建二维关联矩阵实现规划活动与环境要素的耦合分析。该方法以行动方案为横坐标轴,以环境特征为纵坐标轴,建立标准化评估框架,采用序数标度量化表征影响强度,形成可视化影响图谱。其结构化特征使复杂环境关系得以简化表达,通过数值矩阵直观揭示不同行动方案的环境效应差异,为决策者提供多维比较依据。该方法的技术优势体现在操作便捷性与结果可视化层面,其标准化评分体系降低了专业门槛,便于跨领域专家协同评估。矩阵拓扑结构可系统识别关键影响路径,通过数值排序快速锁定高环境风险行动单元,在初步筛选阶段具有显著效率优势。矩阵法的科学价值在于其作为环境影响结构化表征工具,可系统梳理行动—环境关联关系。实际应用中需与机制模型、情景分析等方法耦合,构建"矩阵识别—过程解析—综合评估"的技术链。引入敏感性分析、不确定性量化等改进手段,可增强其在复杂环境系统中的适用性。

3. 网络分析法

网络分析法通过构建因果拓扑模型表征环境影响的级联传递机制,以有向无环图(DAG)形式解析初级影响、次级效应及高阶衍生效应间的递进关系。该方法通过节点—路径结构揭示环境扰动在生态系统与社会经济系统中的传播路径,其分层递推特性使其具备累积效应识别能力,可系统解析多源影响因子的协同效应与反馈机制。在概率量化层面,传统网络模型假设各影响事件相互独立,将初级影响概率与衍生效应概率进行线性叠加。然而,实际环境系统中存在显著的结构相关性,污染扩散、生态退化等过程常呈现非线性耦合特征。该方法的理论优势在于其系统解析能力,通过拓扑结构可视化展示环境影响的复杂网络特征,为识别关键影响路径与敏感节点提供技术支撑。然而,其计算复杂性随网络规模呈指数增长,涉及多变量联合概率计算与高阶条件独立性检验。在实际应用中需结合影响显著性筛选与模型降维技术,平衡计算效率与结果精度。

4. 系统流程图法

系统流程图法通过构建环境要素的拓扑关联网络,解析生态—社会复合系统中多尺度环境影响的传导机制。该方法以能量流、物质流及信息流为纽带,建立系统组分间的动态耦合模型,通过节点—链接结构表征环境扰动在介质界面间的传递路径,可系统识别初级影响、次级效应及高阶衍生效应间的非线性作用关系。其图形化表征特性使复杂环境系统得以简化为可解析的因果链网络,为跨尺度影响分析提供可视化工具。在机制解析层面,系统流程图法聚焦于能量通量与环境状态的相互作用,通过构建质量守恒方程与能量平衡模型,量化系统输入—输出关系对内部状态的调控效应。该方法在揭示污染扩散路径、生态服务流动及资源代谢过程方面具有显著优势,可清晰展示环境影响的级联放大效应与反馈调节机制。然而,其方法论的局限在于过度依赖能量驱动范式,可能忽视文化—制度因素、信息交互网络等非能量要素对系统行为的塑造作用。实际环境系统常呈现多稳态特征与涌现行为,单一流图模型难以全面表征社会—生态耦合系统的复杂动力学特性。该方法的科学价值在于其系统思维框架,通过结构化表征环境要素的相互作用模式,为影响识别提供整体性视角。

(二)环境影响预测方法

1. 环境数学模拟法

环境数学模型法通过构建数学语言体系,定量表征环境系统时空演化过程与内在作用机制。该方法以偏微分方程、积分方程及随机过程等数学工具为基础,建立污染物在环境介质中的质量守恒方程、反应动力学方程及输运扩散方程,系统解析污染物质在空气、水体等多相体系中的迁移转化规律。在环境管理领域,数学模型作为核心技术工具,被广泛应用于建设项目环境影响量化评估与污染控制方案优化。构建三维数字模型与动态仿真系统,可预测污染物排放对区域环境质量的长期影响,识别关键污染源与敏感保护目标。该方法在环境规划中具有显著优势,能够通过情景模拟与参数优化,制定基于环境承载力的开发强度阈值与污染管控策略。该方法的科学价值在于其量化解析能力,通过数学抽象揭示环境系统的本质特征与演化规律。在实际应用中需解决模型参数不确定性、尺度效应耦合及多过程非线性作用等问题。融合多源异构数据与机器学习算法,可提升模型的预测精度与适应性,为环境决策提供更为可靠的量化依据。

2. 物理模型法

物理模型法通过构建实验仿真系统,在受控条件下复现环境系统的物理、化学及生物过程,实现对人类活动环境效应的定量化预测。该方法依托实验室模拟装置或原位观测平台,通过操控关键环境参数,直接观测污染物迁移转化规律与生态响应机制。其技术特征表现为高再现性与强定量化能力,可解析多相介质耦合作用、非线性响应动力学等复杂环境行为,为环境过程机理研究提供实证支撑。实验系统设计需满足相似性准则与尺度效应控制要求,通过流体力学模拟、化学反应器构建及生态微宇宙技术等手段,建立与原型系统动力学特征等效的物理模型。该方法在污染物归趋分析、生态风险评价等领域具有显著优势,可系统揭示环境扰动的时空异质性特征与阈值效应。该方法的科学价值在于其过程解析能力,通过直接观测环境介质中的质量、能量与动量传递现象,为理论模型验证与参数校准提供基准数据。在实际应用中需解决尺度转换误差、边界条件简化及实验不确定性等问题。融合数值模拟技术与原位监测数据,可构建"物理模拟—数值仿真—实地验证"的复合分析框架,增强环境预测的可靠性与适用性。

第二节　智能建筑对环境的影响分析

一、降低能源消耗

(一)降低能源需求

　　智能建筑在设计上着重于优化其围护结构,以实现能源的高效利用。具体而言,该类型建筑墙体与屋顶的构造采用了具备优异隔热特性的新型材料,这些材料能够有效阻隔外界热量的不当侵入,从而显著减少室内环境调节,如制冷或制热的负荷。此设计策略旨在减少因外界温度变化而引起的室内能量损耗,进而降低对空调系统及采暖系统的依赖。在窗户设计方面,智能建筑同样采用了先进的节能技术。选用低辐射玻璃及中空玻璃等高性能材料,使窗户的隔热与保温性能得到了显著提升。低辐射玻璃能够有效反射太阳辐射中的红外部分,减少热量进入室内,而中空玻璃则通过其双层结构之间的空气层形成有效的隔热屏障,进一步提升了窗户的保温效果。这些设计不仅增强了建筑的保温隔热性能,还有效减少了因窗户传热而导致的能源浪费。通过不断优化围护结构设计,智能建筑在提升居住舒适度的同时,也实现了对能源的高效利用和对环境的友好保护,展现了建筑领域节能减排的广阔前景。

(二)促进可再生能源利用

　　智能建筑通过集成多种可再生能源系统,展现了其在能源自给自足方面的独特优势。具体而言,这类建筑能够巧妙地利用太阳能资源,通过在建筑屋顶等适宜位置安装太阳能光伏板,实现太阳能向电能的高效转换,进而为建筑内部的各类设备提供稳定可靠的电力供应。这一设计策略不仅充分利用了自然能源,还有效减少了对外部电网的依赖。此外,智能建筑还积极采用地源热泵系统等先进技术,以地下浅层地热资源为能源基础,实现建筑的供热与制冷需求。地源热泵系统通过与地下土壤或水体进行热交换,将地热资源中的能量提取出来,用于建筑的温度调节,从而显著提高了能源利用效率。这种利用方式不仅环保可持续,还大大降低了对传统化石能源的消耗和依赖。这一设计理念不仅符合当前全球范围内推动绿色低碳发展的潮流,也为建筑的可持续发展提供了新的路径和选择。通过不断优化和集成可再生能源系统,智能建筑将在未来能源转型和环境保护方面发挥更加重要的作用。

二、提高资源利用率

(一)水资源的合理利用

智能水管理系统在建筑物中扮演着至关重要的角色,其核心在于通过智能水表的部署,实现对用水量的实时监测。这一系统能够迅速识别并报警任何潜在的漏水情况,有效遏制了对水资源的无谓浪费。同时,系统还具备对用水数据进行深度分析的能力,通过精准的数据解析,优化用水设备的运行参数,进而提升整体的用水效率,确保每一滴水都能得到合理利用。此外,智能建筑还融入了雨水收集与中水回用的先进理念。建筑配备有雨水收集系统,能够高效捕获并储存雨水,经过适当处理后,这些雨水被用于绿化灌溉、道路冲洗等非饮用水场景,极大地减少了对新鲜水资源的依赖。这一做法不仅节约了水资源,还促进了自然水循环的平衡。

(二)建筑材料的优化选择

智能建筑在设计与建造阶段,高度重视建筑材料的环保性与可再生性选择。具体而言,这类建筑倾向于采用新型保温材料及节能门窗等高性能建材,这些材料不仅显著提升了建筑的保温隔热效能,有效降低了能源消耗,而且其生产及使用过程对环境的影响也相对较小,符合绿色建筑的核心理念。在建筑材料的选择上,智能建筑还特别强调材料的可回收利用性。这意味着,在建筑的设计之初,就充分考虑到了建筑生命周期结束后的材料处理问题。通过优先选用那些易于回收、可再加工的建筑材料,智能建筑在拆除或改造时,能够最大限度地减少建筑垃圾的产生,降低对环境的负担。此外,这种注重环保与可再生性的建筑材料选择策略,还促进了建筑行业的可持续发展。它鼓励建筑设计师和建造者在材料选用上更加审慎,不仅考虑材料的即时性能,还关注其长期的环境影响,从而推动建筑行业向更加绿色、环保的方向发展。

三、改善室内环境质量

(一)改善室内空气质量

智能建筑内置了高度先进的通风控制系统,该系统依据室内空气质量传感器实时采集的数据,能够精准地自动调节新风引入量及通风运行模式。这一智能化机制确保了室内空气的有效流通与持续新鲜,为建筑内部环境提供了良好的空气交换保障。部分智能建筑还集成了高效的空气净化装置。这些设备通过先进的过滤与净化技术,能够有效去除室内环境中存在的有害气体及微小颗粒物,显著提升室内空气的纯净度。此举措不仅针对当前城市化进程中日益凸显的空气污染问题提供了有效应对方案,也为建筑使用者营造了一个更为健康、宜人的室内居住或工作空间。这一系列技术创新不仅增强了建筑环境的舒适性,还提升了其健康属性,充分展现了智能建筑在追求高效能、可持续发展同时,对于人居环境质量的深度关注与积极贡献。

(二)优化室内光照环境

智能照明系统作为一种创新的照明解决方案,具备根据室内外光照强度及人员活动状况自动调节照明亮度和颜色的能力。该系统通过集成高精度传感器,实时监测环境光照条件,当自然光照充足时,能够自动降低人工照明的亮度,以充分利用自然光源,减少能源浪费。同时,智能照明系统还具备智能识别功能,能够监测到人员活动的分布情况。在人员活动较少的区域或时段,系统会自动关闭不必要的照明设备,实现按需照明,进一步提高能源利用效率。此外,智能照明系统还融入了人体生物学原理,能够模拟自然光照的变化规律,调节照明光线的色温和亮度,以适应人体的生物钟节奏。这种智能化的照明调节方式,不仅有助于营造更为舒适的光环境,还能提高使用者的生理和心理舒适度,进而提升其工作效率和生活质量。

(三)控制室内噪声水平

智能建筑在设计与实施过程中,充分运用了隔音材料与先进的降噪技术,旨在有效削弱外界噪声对室内环境的干扰。精心选择具有高隔音性能的材料,并结合科学的建筑结构设计,使建筑外部噪声被显著隔绝,为室内营造了一个相对静谧的空间。同时,针对建筑内部设备运行时可能产生的噪声问题,智能建筑采取了合理的设备布局策略,并对关键设备进行了有效的隔音处理。这一措施确保了设备在正常运行过程中产生的噪声被最大限度地降低,进一步提升了室内环境的舒适度。此外,智能建筑还配备了实时噪声监测系统,能够持续、准确地监测室内噪声水平。当噪声水平超过预设的标准阈值时,系统会自动触发相应的降噪机制。这包括但不限于调整设备运行参数以降低噪声输出,或启动隔音装置以进一步增强隔音效果。智能建筑通过综合运用隔音材料、降噪技术、合理设备布局以及实时噪声监测与控制系统,实现了对室内噪声环境的全面管理与优化。

四、改善城市微气候

(一)缓解城市热岛效应

智能建筑通过实施绿色屋顶与垂直绿化等生态设计策略,有效拓展了城市的绿化空间,对改善城市生态环境发挥了积极作用。绿色屋顶作为建筑顶部的绿色覆盖层,能够吸收太阳辐射能量,显著降低屋顶表面的温度,进而减少热量向建筑内部的传导,有助于维持室内环境的稳定性。同时,垂直绿化技术通过在建筑外立面种植植被,形成了一层绿色的生态屏障。这层屏障不仅美化了建筑外观,还能有效阻挡太阳辐射,降低建筑周边环境的温度,为城市提供了一片清凉的绿洲。此外,智能建筑在能源利用方面展现出高效与可持续的特性。通过采用先进的节能技术和可再生能源系统,如太阳能光伏板、地源热泵等,智能建筑大幅减少了化石能源的依赖和消耗。这一转变不仅降低了建筑运营的能源成本,还显著减少了温室气体的排放,对缓解城市热岛效应、改善城市微气候具有重要意义。

(二)改善城市通风环境

合理的建筑布局与智能通风系统的集成应用,对于改善城市通风环境具有显著效用。智能建筑在设计阶段,便充分考虑气象条件及城市风环境的模拟结果,通过优化建筑的朝向、间距以及整体布局,巧妙地引导自然通风,有效促进城市空气的流动与交换。建筑布局的科学规划,不仅确保了建筑单体之间的良好通风,还为城市空间营造了一个有利于空气流通的微观环境。在此基础上,智能通风系统发挥了其独特优势。该系统能够实时监测室内外风压及温度差异,并依据这些动态变化,自动调节通风量与通风方向。通过智能通风系统的精准调控,室内空气质量得到了显著提升,新鲜空气得以有效引入,而污浊空气则被及时排出。这一过程不仅为建筑使用者提供了更加健康、舒适的室内环境,还有助于减少城市空气污染,提升城市整体的空气质量。

五、保护生态环境

(一)减少建筑活动对生态环境的破坏

智能建筑在其建设与运营的全生命周期中,始终秉持生态保护的核心理念。在建设阶段,该类型建筑倾向于采用环境友好型的施工技术和装备,旨在从源头上减少施工活动对周边生态环境的干扰。通过实施低噪声施工工艺、有效粉尘控制措施以及废水循环利用系统等手段,显著降低了施工过程中的噪声污染、粉尘排放和废水产生,有效减轻了对周边生态环境的压力。进入运营阶段后,智能建筑进一步发挥其高效资源利用和能源管理的优势。通过采用先进的节能技术、优化能源使用结构以及实施废弃物减量化和资源化利用策略,建筑在满足自身功能需求的同时,大幅减少了对自然资源的消耗,有效降低了废弃物的产生量。这些措施不仅有助于提升建筑的运营效率,更在保护生态系统平衡、促进可持续发展方面发挥了积极作用。

(二)促进生物多样性的保护

智能建筑周边的绿化规划与生态景观构造,对于营造适宜的生物栖息环境、促进生物多样性保护具有重要意义。通过精心设计的绿化方案,结合生态景观的建设,旨在为城市中的生物种群提供多样化的生存空间。具体而言,智能建筑周边可布局湿地、花园等多元化的生态景观元素。湿地作为自然界中富有生物多样性的生态系统,能够吸引并支持多种水生生物及迁徙鸟类的栖息与繁衍。而花园则通过丰富的植物配置,为昆虫、小型哺乳动物等提供了食物来源和庇护所,有助于维持城市生态系统的稳定性和多样性。这些生态景观的建设,不仅美化了城市环境,更重要的是,它们为城市生物提供了宝贵的生态廊道和栖息地,促进了生物种群间的基因交流,增强了生物群落的抵抗力和恢复力。通过模拟自然生态,智能建筑周边的绿化设计和生态景观建设有效地增强了城市的生物多样性,为构建人与自然和谐共生的城市环境奠定了坚实基础。

第三节 绿色建筑的环境效益评估

一、评估要素

(一)资源节约与循环利用效益

绿色建筑通过集成应用节能材料、优化能源系统效能及实施水资源循环利用策略,显著降低了建筑全生命周期内的自然资源消耗与废弃物产生强度。其环境效益评估体系可从能源、水资源及物质代谢三个维度构建:在能源维度,通过对比绿色建筑与传统建筑在单位面积能耗、系统能效比及可再生能源占比等指标的差异,可量化其碳减排潜力与化石能源替代效应;在水资源维度,基于废水回收率、中水回用比例及雨水收集效能等参数,可系统评估其节水效率与虚拟水足迹削减能力;在物质代谢维度,通过追踪可循环材料使用比例、建筑废弃物再生利用率及资源化产品转化率等指标,可解析其物质流闭环程度与资源代谢优化水平。该评估框架需融合生命周期评价(LCA)方法与物质流分析(MFA)技术,重点考察建筑系统边界内的资源输入—输出效率。例如,通过能源模拟软件计算建筑围护结构热工性能提升带来的采暖空调负荷降低,可精确量化节能效益;采用水量平衡模型分析灰水回用系统对市政供水的替代效应,可客观评估节水成效;运用物质代谢核算体系追踪建筑拆除阶段废弃物的分类回收与再生利用路径,可系统评价资源循环利用的潜在环境收益。

(二)生态环境保护效益

绿色建筑通过系统性绿化空间营造与生态景观构建策略,显著提升了建筑区域内的生物栖息质量,推动了城市生物多样性的保护与生态服务功能优化。其环境效益评估可从植被结构特征、生物群落动态及微气候调节效能三个层面展开:在植被结构维度,基于归一化植被指数(NDVI)与三维绿量测算模型,可量化分析建筑周边绿化覆盖率的时空演变特征;在生物群落层面,通过生物多样性指数与物种丰度监测,可系统解析建筑域内植物群落、昆虫种群及鸟类栖息地的恢复程度,揭示生态景观对本土物种回归的驱动机制;在微气候调节方面,运用城市冠层模型(UCM)与热环境模拟技术,可解析绿化植被对城市热岛效应的缓解作用,量化其地表温度降低幅度与热舒适度改善效果。该评估体系需融合遥感反演、实地观测与生态模型模拟方法,重点考察建筑绿化系统的生态服务功能。例如,通过激光雷达(LiDAR)技术获取植被垂直结构参数,可精确计算其生物量积累与栖息地异质性提升效益;采用红外热成像仪监测地表温度场分布,可客观评估绿化植被对微气候的调节作用;运用物种分布模型(SDM)预测生态景观对濒危物种的保护潜力,可科学评价其生物多样性保护价值。

(三)社会经济效益

绿色建筑的环境效益在社会经济维度呈现出显著的正外部性特征,通过能源效率优化与废弃物减量策略,实现了建筑全生命周期成本的有效控制与资产价值的增值。其经济效能评估可从运营成本节约、市场价值提升及产业协同效应三个层面构建分析框架:在运营成本维度,基于能源审计数据与全生命周期成本核算模型,可量化分析绿色建筑因能效提升带来的能耗成本降低幅度,以及因废弃物资源化利用减少的处置费用支出;在市场价值层面,运用特征价格模型与房地产评估体系,可系统评估绿色建筑认证标签对物业租售价格的溢价效应,揭示其环境品质属性向市场价值的转化机制;在产业协同方面,通过投入产出分析(IOA)与产业关联度测算,可解析绿色建筑对节能技术服务、可再生材料供应及生态修复等相关产业的拉动作用,量化其产业链延伸与就业创造效益。该评估体系需融合工程经济分析、环境会计方法及产业组织理论,重点考察绿色建筑经济绩效与环境效益的耦合关系。例如,通过构建动态成本效益分析模型,可模拟不同节能措施对建筑运营成本的长期影响;采用空间计量经济学方法,可识别绿色建筑市场价值的空间溢出效应;运用复杂网络理论,可揭示绿色建筑与相关产业之间的协同创新路径。

二、评估方法

(一)对比分析

对比分析作为绿色建筑环境效益评估的核心工具,通过构建基准参照系,系统解析绿色建筑与传统建筑在资源代谢效率、环境负荷强度及室内环境品质等维度的差异性特征。该方法基于控制变量原则,选取与建筑功能类型、空间规模及使用强度等参数匹配的传统建筑作为对照组,通过双样本对比分析框架,量化揭示绿色建筑在能源流、物质流及环境信息流层面的优化程度。在资源消耗维度,采用全生命周期评价(LCA)方法,对比两类建筑在建材生产、施工建造、运营维护及拆除回收等阶段的资源输入—输出效率,重点考察单位面积能耗、水资源消耗强度及材料损耗率等指标的差异;在环境污染层面,运用排放因子法核算建筑全生命周期的温室气体排放、大气污染物及废水排放总量,解析绿色建筑因能效提升与废弃物减量带来的环境负荷削减效应。该分析框架需融合多源异构数据融合技术与因果推断模型,确保对比结果的科学性与可靠性。例如,通过构建倾向得分匹配(PSM)模型消除样本选择偏差,采用差分法(DID)识别绿色建筑政策实施的环境效益。

(二)生命周期评估

生命周期评估作为环境管理的系统性分析工具,通过构建全链条影响追踪模型,可系统解析产品或服务从原料获取、生产制造、使用维护至废弃处置全周期的环境负荷特征。在绿色建筑环境效益评估领域,该方法通过阶段划分与过程解耦技术,将建筑系统分解为材料生产、施工建造、运营维护及拆除回收等相互关联的子系统,采用清单分析、影响评价与结果解释三阶段框架,量化各阶段的资源消耗强度、废弃物产生速率及环境介质污染负荷。在资源消耗维度,重点考察建材生产阶段的隐含能耗、施工阶段的机械作业能耗及运营阶段的建筑服务能耗;在废弃物排放方面,追踪施工废弃物的填埋处置量、运营期间废水排放强度及拆除阶段建筑垃圾的产生特征;在环境污染层面,核算全生命周期的温室气体排放当量、酸化潜值及富营养化潜值等环境损害指标。该方法需融合过程分析与输入输出模型,确保环境负荷归因的科学性。

(三)环境影响评价

环境影响评价法作为环境风险防控的决策支持工具,通过构建情景模拟与预测分析模型,可系统识别项目或活动在全生命周期内对自然生态系统的潜在扰动效应。在绿色建筑环境效益评估体系中,该方法采用矩阵分析与叠图技术,将建筑项目分解为施工期与运营期两个关键阶段,针对大气环境、水环境、土壤系统及生物群落等环境要素,开展多尺度影响预测与累积效应评估。在大气环境维度,重点解析施工扬尘、运营期挥发性有机物排放对区域空气质量的影响路径;在水环境层面,追踪施工废水排放、运营期雨水径流对地表水体的污染负荷;在土壤系统方面,评估建筑基础施工对土壤结构的破坏程度及运营期污染物淋溶风险;在生物群落领域,采用生态位模型预测建筑开发对物种栖息地连通性及生物多样性的干扰强度。

(四)经济效益分析

经济效益分析法作为项目价值评估的量化工具,通过构建成本—收益分析框架,可系统解析绿色建筑在全生命周期内的经济价值创造机制。该方法基于市场均衡理论与资源优化配置原理,采用双差分模型与成本效益分析技术,对比绿色建筑与传统建筑在运营维护成本、资产增值潜力及产业关联效应等维度的差异性特征。在运营成本层面,重点考察绿色建筑因能效提升带来的能耗成本节约、废弃物资源化利用降低的处置费用,以及智能化系统优化的人力成本缩减;在产业关联效应方面,通过投入产出分析识别绿色建筑对节能技术服务、绿色建材供应等上下游产业的拉动作用,测算其产业链延伸产生的乘数效应。该方法需融合工程经济分析与环境会计方法,构建绿色建筑经济价值与环境效益的耦合模型。例如,采用全生命周期成本核算技术,可解析绿色建筑初始投资与长期运营成本的动态平衡关系;运用能值分析方法,可量化绿色建筑资源利用效率提升带来的经济价值增值。

第九章　智能建筑材料与装备

第一节　智能建筑材料概述

一、智能建筑材料的内涵

智能建筑材料,作为材料科学与信息技术、电子技术、生物技术等多学科交叉融合的创新成果,标志着材料发展迈入了一个崭新的阶段。此类材料通过高度集成传感器、驱动器及控制系统,赋予了材料本身以环境感知、自我诊断、自我调节及自我修复等多重智能特性。这些特性使得智能建筑材料能够模拟生物体的某些独特功能,即依据所感知到的外界信息,自动进行判断、控制并相应调整其自身性能,以确保与外界条件的变化保持适应性。智能建筑材料的研发与应用,不仅突破了传统建筑材料的局限性,更实现了材料从被动响应向主动智能的转变。这种智能化的转变,得益于多学科技术的深度融合与创新应用,为建筑材料领域带来了前所未有的变革。智能建筑材料的出现,不仅为建筑行业的可持续发展提供了新的技术支撑,也为提高建筑的安全性、舒适性和能效水平开辟了新的途径。通过智能建筑材料的应用,建筑可以更加精准地适应外界环境的变化,实现资源的优化配置和高效利用。

二、智能建筑材料的分类

(一)自感知材料

自感知材料,作为一类新型的功能材料,具备对外界环境参数变化的敏锐感知能力。这些环境参数包括但不限于温度、湿度、光照以及应力、应变等,材料能够将这些物理或化学变化有效地转化为可识别的电信号或其他形式的信号进行输出。此功能的实现,主要依赖于材料中集成的各类传感器元件,如光纤传感器、压电传感器以及电阻应变片等,它们作为感知单元,赋予了材料以智能化的感知特性。在建筑结构健康监测领域,自感知材料展现出了其独特的应用价值。通过将这类材料嵌入建筑结构中,如混凝土结构内部,可以实现对结构应力、应变状态的实时监测。这种监测方式不仅具有高精度和实时性,还能够有效地捕捉到结构在受力过程中的微小变化,从而为结构的安全评估提供可靠的数据支持。此外,自感知材料在环境参数监测方面也具有广泛的应用前景。无论是对于建筑内部环境的温湿度控制,还是对于外部光照强度的感知与调节,自感知材料都能够提供准确、稳定的信号输出,为智能建筑系统的运行提供有力的支撑。

(二)自调节材料

自调节材料,作为一类先进的智能材料,具有根据外界环境变化自动调节自身性能的独特能力,以满足多样化的使用需求。这类材料的调节功能通常依赖于集成的驱动器元件来实现,其中形状记忆合金(SMA)、压电材料以及电致变色材料等是典型的代表。形状记忆合金在特定刺激下,如温度变化或机械应力作用,能够展现出变形后恢复原始形状的特性。这一特性使得形状记忆合金成为制作自适应立面系统、可伸缩屋顶等智能建筑构件的理想选择,通过其形状的变化来适应不同的环境条件和使用需求。电致变色材料则是一类能够根据外加电压的变化而改变自身颜色和透明度的智能材料。这种材料在智能窗户的制作中具有广泛应用潜力,通过调节电压即可满足室内光线的精准控制和隐私保护的需求。电致变色材料的这一特性不仅增强了建筑的功能性,还为其增添了更多的智能化元素。

(三)自修复材料

自修复材料,作为一类创新的智能材料体系,具备在材料内部出现损伤时自动进行修复,从而恢复其完整性和原始性能的独特能力。这类材料的自修复功能通常是通过集成微胶囊、仿生血管网络或特定细菌等修复机制来实现的。在自修复材料的设计中,一种典型的策略是在材料基体中嵌入修复剂、微生物或包含反应堆材料的微胶囊等特殊成分。这些成分在材料制备过程中被巧妙地融入其中,处于潜伏状态,等待损伤的发生。当材料因外力作用或环境因素导致内部出现裂缝等损伤时,这些预先嵌入的特殊成分便会被激活。例如,在自修复混凝土中,裂缝的出现会触发修复机制,使得脱水水泥颗粒在裂缝处的水分作用下与水发生化学反应,生成水化硅酸钙凝胶。这一化学过程不仅填充了微裂缝,还有效地恢复了材料的完整性和力学性能。自修复材料的这一特性极大地增强了材料的耐用性和可靠性,延长了其使用寿命,降低了维护成本。

(四)多功能复合材料

多功能复合材料,作为材料科学领域的一项前沿创新,是通过复合工艺将两种或多种具备不同功能的材料有机地结合在一起,从而形成一种集多种智能特性于一身的新型材料体系。这类材料不仅融合了各组成材料的优异性能,如卓越的力学性能、良好的耐久性,还赋予了材料以智能化的功能特性,如自感知与自修复能力、自调节与自修复能力的结合等。在多功能复合材料的构成中,各组成材料相互协同,共同作用于材料整体。自感知与自修复特性的融入,使得材料能够在受损时自动感知并启动修复机制,恢复其完整性和功能。多功能复合材料因其独特的性能优势,在建筑工程领域,多功能复合材料的应用则有助于增强建筑物的耐久性,提升其智能化水平。

三、智能建筑材料的功能特性

(一)仿生功能

智能建筑材料通过模仿生物体的独特功能,如自感知、自适应以及自修复等,赋予了材料本身类似于生物系统的智能特性。这一仿生设计理念,将生物界的智慧融入材料科学之中,为材料的性能提升和使用寿命延长开辟了新的途径。自感知特性使得智能建筑材料能够对外界环境参数进行实时监测,如同生物体对外部刺激的感知一样敏锐。自适应特性则使材料能够根据环境变化或使用需求,自动调整其性能参数,以保持最佳状态,这类似于生物体对环境的适应性和调节能力。而自修复特性则让材料在受损时能够自动启动修复机制,恢复其完整性和功能,这效仿了生物体的自我修复能力。这些智能特性的融入,不仅显著提升了建筑材料的综合性能,还为建筑行业的智能化发展提供了全新的思路。智能建筑材料的应用,有望推动建筑行业向更加高效、环保、智能的方向发展,实现建筑结构的智能化监测、维护和管理,降低建筑运营成本,增强建筑的安全性和舒适性。

(二)自适应性

智能建筑材料展现出根据外界环境变化自动调节自身性能的先进特性,以满足多样化的使用需求。这类材料的设计融入了智能响应机制,使得它们能够对外界刺激做出适应性调整。以智能窗户为例,其独特之处在于能够根据日照强度的变化和室内外温差,自动调节其透明度。在日照强烈时,智能窗户能够感知到高强度的太阳辐射,并相应地调整其透明程度,减少太阳辐射热的进入,从而有效降低室内温度,减轻空调系统的负担,节约能源消耗。同时,在保持室内光线充足方面,智能窗户也能在保证隐私和遮光需求的前提下,自动调节透明度,以最大化地利用自然采光,创造舒适宜人的室内环境。这种智能调节机制不仅增强了建筑材料的功能性,还体现了材料科学与建筑设计的深度融合。智能建筑材料通过对外界环境的智能响应,实现了建筑性能的优化,有助于构建更加节能、环保、舒适的建筑空间。

(三)自修复性

智能建筑材料具备一种独特的自修复能力,即当材料内部出现损伤时,能够自动启动修复机制,恢复其完整性和原有性能。这一特性是材料科学领域的一项重要创新,为建筑材料的耐用性和可靠性提供了全新的解决方案。自修复性的实现,依赖于材料内部设计的智能修复机制。当材料受到外力作用或环境因素导致损伤时,这种机制能够迅速响应,通过内部的化学反应或物理过程,对损伤部位进行修复,从而恢复材料的整体结构和功能。这种自修复性不仅显著延长了建筑材料的使用寿命,还有效降低了材料的维护和更换成本。在传统建筑材料中,一旦出现损伤,往往需要人工干预进行修复或更换,不仅费时费力,而且成本较高。而智能建筑材料的自修复性则能够自动解决这一问题,增强了建筑的经济性和可持续性。此外,自修复性还增强了建筑的安全性和可靠性。建筑材料作为建筑结构的组成部分,其性能的稳定性和耐久性直接关系着建筑的整体安全。智能建筑材料的自修复性能够确保材料在受损后迅速恢复,从而保持建筑结构的稳定性和安全性。

(四)集成化与智能化

智能建筑材料通过高度集成的传感器、驱动器以及先进的控制系统,赋予了材料本身以智能化的特性。这一集成化与智能化的融合,使得建筑材料不再局限于传统的静态功能,而是具备了动态响应和智能调节的能力。具体而言,集成化的传感器能够实时感知外界环境的变化,如温度、湿度、光照强度等,为材料提供了对环境状态的精准监测。同时,驱动器作为执行元件,能够根据传感器的反馈信号,驱动材料进行相应的调节或动作,从而提高材料的性能。而控制系统则作为整个智能建筑材料的"大脑",负责处理传感器收集的信息,发出指令给驱动器,实现材料的自我调节和自我修复。这种集成化与智能化的特性,使得智能建筑材料能够自我诊断其状态,及时发现并修复内部的损伤或故障,从而保持材料的完整性和性能稳定。

四、智能建筑材料的应用实例

(一)建筑结构健康监测

智能建筑材料在建筑结构健康监测领域展现出巨大的应用潜力。通过将光纤传感器、压电传感器等具有自感知功能的材料嵌入混凝土结构中,可以实现对结构应力应变状态和裂缝开展情况的实时监测。这些智能传感器材料能够敏锐地捕捉结构在受力过程中的微小变化,将物理量转化为可测量的电信号或光信号,为结构的状态评估提供准确的数据支持。通过持续、实时的监测,可以及时发现结构中存在的潜在安全隐患,如应力集中、裂缝扩展等,为结构的维护和管理提供科学依据。此外,智能建筑材料的应用还有助于增强建筑结构的可靠性和安全性。传统的结构监测方法往往依赖于定期的人工检查,难以及时发现和处理突发情况。而智能建筑材料则能够实现对结构的连续监测,及时发现并预警潜在问题,为采取有效的维护措施赢得宝贵时间。

(二)智能窗户系统

智能窗户系统是一种基于电致变色材料、液晶材料等自调节材料创新设计的窗户系统。该系统具备根据外界环境因素,如日照强度和室内外温差,自动调节其透明度的能力。此特性使得智能窗户能够在保证室内获得充足的自然采光的同时,有效减少夏季强烈的太阳辐射热进入室内空间,进而降低空调系统的能耗,提升建筑的能源效率。这些材料能够根据外加电场或温度等条件的变化,改变其光学性质,从而实现窗户透明度的可控调节。这种调节机制不仅响应迅速,而且具有高度的稳定性和可靠性。此外,智能窗户系统还具备根据居住者需求调节室内隐私的功能。通过调整窗户的透明度,可以在保证室内光线充足的同时,满足居住者对私密性的要求,进一步提升了居住的舒适度和满意度。

(三)自修复混凝土

自修复混凝土是一种创新的智能建筑材料,其制备过程中在传统混凝土基质中嵌入了修复剂、特定微生物或封装有反应堆材料的胶囊等特殊组分。这些特殊成分在混凝土结构中扮演着至关重要的角色,当混凝土因外力作用或环境因素出现裂缝时,它们能够被激活并发挥修复作用。具体来说,当裂缝形成且水分渗透至其内部时,这些修复剂或胶囊中的反应堆材料会与脱水的水泥颗粒接触,并在水分的存在下触发化学反应。这一反应过程促使水化硅酸钙凝胶的生成,该凝胶具有优异的黏结性和填充性,能够有效地渗透并填充微裂缝,从而恢复混凝土的完整性和结构强度。自修复混凝土的应用领域广泛,特别是在基础设施建设方面,如桥梁、隧道等重要工程结构。通过引入自修复机制,这些混凝土结构在面临损伤时能够自我修复,显著延长了其使用寿命。同时,自修复混凝土的应用还减少了因裂缝导致的维护和更换成本,增强了建筑结构的经济性和可持续性。

(四)形状记忆合金

形状记忆合金,作为一种具备独特性能的金属合金材料,其特性在于能够响应温度变化或机械应力等外部刺激,在经历变形后恢复至其初始形态。这一特性使得形状记忆合金在建筑领域展现出巨大的应用潜力。在建筑设计中,形状记忆合金可被巧妙地应用于制作自适应立面系统及可伸缩屋顶等创新构件。自适应立面系统,得益于形状记忆合金的形状记忆效应,能够根据外界环境条件的变化,如光照强度、风向及温度等,自动调整其形状或位置。这种调整不仅优化了建筑的自然采光效果,还改善了通风状况,进而提升了建筑的能源效率,实现了建筑与环境之间的和谐共生。同时,形状记忆合金也适用于制作可伸缩屋顶。这类屋顶结构能够根据天气变化,如晴雨转换,自动地展开或收缩,从而实现建筑空间的动态转换和功能多样性。这种智能化的空间调节方式,不仅增强了建筑的适应性,还提升了用户的使用体验。

第二节 绿色建筑材料的性能与应用

一、性能特点

(一)环保性

绿色建筑材料的环境友好性是其核心属性,其制造过程遵循生态优先原则,通过工艺创新与能源结构优化,显著降低生产环节的能耗强度与污染物排放水平。此类材料采用清洁生产技术,减少原生资源开采量,降低对自然生态系统的扰动,实现资源消耗与生态承载力的动态平衡。在材料服役阶段,其化学稳定性与低挥发性特征尤为关键,通过分子结构设计与表面钝化技术,有效抑制挥发性有机化合物(VOCs)、甲醛等有害物质的释放,确保室内空气质量符合健康标准,规避因材料污染引发的慢性健康风险。从全生命周期视角审视,绿色建筑材料展现出显著的资源循环利用潜力。其设计阶段即融入可拆解性与再加工性考量,通过标准化接口与模块化构造,提升废弃物的回收利用率。在材料废弃处置阶段,其再生骨料、纤维增强组分等可经物理或化学方法实现物质循环,重新进入生产系统形成闭环材料流,从而减少建筑垃圾填埋量及次生环境污染。这种资源效率的提升源于材料科学与环境工程的交叉创新,通过纳米材料改性、生物基材料开发等前沿技术,在保持材料力学性能的同时,实现环境负荷的实质性削减。

(二)节能性

绿色建筑材料的节能特性源于其对建筑热工性能的优化与能源效率的提升。高性能保温隔热材料通过微观结构设计与材料复合技术,显著降低建筑围护结构的热传导系数,增强热阻性能。此类材料采用纳米孔隙结构或相变储能机制,有效阻隔外界热量传递,减少建筑本体在采暖季与制冷季的热负荷波动,实现被动式节能效果。在动态热环境中,材料通过热惰性调节与热延迟效应,维持室内热环境的稳定性,降低空调系统与采暖设备的运行能耗。智能建筑材料则依托材料科学与信息技术的交叉融合,构建自适应环境调控体系。形状记忆合金通过热—机械耦合效应,实现建筑构件的主动变形与应力调节,优化结构受力状态与热工性能;电致变色材料基于电化学氧化还原反应,动态调节材料的光学性能,通过智能调光控制太阳辐射的热量,降低建筑制冷负荷。此类材料通过感知—响应机制,使建筑围护结构具备环境自适应能力,形成主动式节能策略。从能量流动视角分析,绿色建筑材料通过减少热传导损失、阻挡热辐射及优化能源分配路径,实现建筑能耗的梯级削减。

(三)耐久性

绿色建筑材料的长效稳定性是其关键性能指标之一,其服役寿命与抗劣化能力直接影响建筑全生命周期的可持续性。此类材料通过材料组分优化与微观结构调控,显著提升抗老化性能,在长期环境作用与荷载耦合条件下维持性能稳定性。例如,高性能混凝土采用矿物掺合料复合技术与纳米材料改性策略,通过优化孔隙结构与界面过渡区,增强材料的致密性与抗渗透性,有效抑制氯离子侵蚀与冻融循环损伤,从而延长结构服役周期。材料耐久性的增强源于多尺度防护机制的协同作用。在微观层面,通过晶粒细化与相变调控技术,提高材料本征强度与韧性;在宏观层面,采用防护涂层与表面处理技术,阻隔外界侵蚀介质与结构主体的接触。这种多层级防护体系使材料在复杂环境条件下仍能保持力学性能与功能特性的稳定,显著降低因材料劣化引发的结构失效风险。耐久性能的强化不仅减少建筑维护频次与维修成本,更从源头降低材料更换产生的建筑垃圾排放。通过延长材料服役寿命,实现资源利用效率的提升与废弃物产生量的削减,契合循环经济理念。

(四)功能多样性

绿色建筑材料在满足结构承载、热工调控及防水防潮等基本建筑功能的基础上,通过功能复合化与材料设计创新,实现环境调节与健康防护等附加效能。此类材料通过组分优化与微观结构调控,将抗菌、除臭、湿度调节及光环境控制等功能集成于一体,显著增强建筑空间的舒适性与健康性。抗菌功能的实现依赖于材料中添加的纳米银离子、光催化半导体等活性组分,通过接触式杀菌或光生载流子作用抑制微生物增殖;除臭性能则通过活性碳纤维、金属有机框架材料等多孔介质的吸附—催化协同机制,实现挥发性有机物的深度净化。湿度调节功能源于材料内部的多孔网络结构与亲水—疏水基团设计,通过物理吸附与化学吸附的动态平衡,维持室内相对湿度稳定;调光功能则基于电致变色材料、温敏水凝胶等智能响应体系,通过外界刺激调控材料的光学性能,实现自然光的有效利用与眩光控制。这些附加功能的实现依赖于材料科学、环境工程与生物技术的交叉融合,通过分子水平的功能基团修饰与宏观尺度的结构设计,构建多尺度协同作用机制。功能复合化绿色建筑材料的应用,不仅提升了建筑空间的环境品质,更从源头降低了因环境调节设备运行产生的能耗。

(五)智能化

智能技术赋能下,绿色建筑材料正朝着自适应调控与自主响应方向演进。通过嵌入式传感器网络、微型执行机构与分布式控制系统的深度集成,材料本体具备环境感知、状态监测、动态调节及损伤修复等智能特性。多参数传感器阵列可实时捕捉光照强度、温湿度梯度及应力应变等环境变量,结合机器学习算法实现材料性能的预测性分析与决策优化。执行机构通过形状记忆合金、电致活性聚合物等智能驱动材料,实现建筑围护结构的光学性能、热工参数及力学状态的主动调控。智能调控机制显著增强了建筑材料的能源效率与环境适应性。以智能窗系统为例,其采用电致变色或热致调光技术,通过电压/温度响应型材料的光学带隙调控,动态平衡自然采光需求与遮阳隔热要求。这种自适应调节策略在保证室内视觉舒适度的同时,有效削减太阳辐射的热量,降低空调系统负荷。自修复功能的实现依赖于微胶囊封装修复剂、形状记忆聚合物等智能材料体系。当检测到材料损伤时,微胶囊破裂释放修复剂填充微裂纹,或通过热激活触发形状记忆效应实现裂纹闭合。这种基于材料本征智能的自主响应机制,不仅延长了建筑使用寿命,更从全生命周期视角降低了资源消耗与环境负荷。

二、绿色建筑材料的应用

(一)墙体材料

1. 高性能保温隔热墙体材料

高性能保温隔热墙体材料通过优化热工性能与结构设计,显著降低建筑围护结构的热传导损失,实现能源效率提升。此类材料采用轻质多孔构造,如泡沫混凝土的气孔网络结构与气凝胶的纳米级孔隙系统,通过固相热传导路径的阻断与气相热对流的抑制,构建高效热阻屏障。其热工性能源于材料内部微观结构的精准调控,通过孔隙率优化、孔径分布设计及相变储能机制,实现热阻性能与蓄热能力的协同提升,有效阻隔外界热扰动对室内热环境的干扰。防水防潮性能的强化则依赖于材料的多尺度防护体系。在微观层面,通过表面能调控与化学稳定性增强,降低水分子的吸附与渗透倾向;在宏观层面,采用复合防水层与排水通道设计,形成压力平衡与水分疏导机制。这种多层级防护策略使材料在保持优异热工性能的同时,具备长期抗湿能力,有效规避墙体霉变、结构劣化等耐久性问题。材料性能的协同优化源于制备工艺与组分设计的创新。通过溶胶—凝胶法、发泡工艺等先进制造技术,实现孔隙结构与化学组成的精准控制;通过有机—无机杂化、纤维增强等复合技术,提升材料的力学强度,增强材料的环境适应性。

2. 自行修复墙体材料

自修复墙体材料通过内置功能组分与智能响应机制,实现结构损伤的自主修复与性能恢复。此类材料在传统墙体基体中引入微胶囊化修复剂、微生物孢子或潜伏性反应型单体等活性物质,构建自感知—自响应修复体系。当墙体因应力集中或环境作用产生微裂纹时,裂纹尖端应力场触发微胶囊破裂或微生物激活,释放修复介质并引发原位聚合、结晶沉淀等化学反应,生成具有黏结性与力学强度的产物填充裂缝,从而恢复结构连续性。修复机制的有效性源于材料设计的多尺度协同。微观层面,纳米级修复剂通过界面扩散与化学键合实现裂缝填充;宏观层面,纤维增强相与基体材料的协同作用抑制裂纹扩展。微生物修复体系则利用孢子萌发产生的生物矿化作用,在裂缝表面沉积碳酸钙等无机矿物,形成生物—化学复合修复层。这种自修复过程具有环境适应性与自适应性,可在无外部干预条件下自主完成损伤修复。自修复墙体材料的应用显著提升了建筑结构的全生命周期性能。通过主动修复萌生裂纹,延缓宏观裂缝的形成与发展,降低因水分渗透引发的钢筋锈蚀与耐久性退化风险。同时,自修复功能减少了墙体维护频次与维修成本,避免因结构损伤导致的安全隐患。

3. 智能墙体材料

智能墙体材料通过多物理场耦合感知与自主响应技术,实现建筑围护结构的智能化调控。传感器阵列采用光纤光栅、柔性电子皮肤等先进感知元件,可同步捕捉温度、湿度、光照强度及化学污染物浓度等多维度环境信息,通过边缘计算单元实现数据融合与特征提取。执行机构基于形状记忆合金、电致变色材料、微流控通道等智能驱动技术,实现墙体光学性能、热工参数及通风效率的主动调控。例如,电致变色涂层通过离子嵌入/脱出反应,动态调节材料带隙结构,实现可见光透过率与太阳辐射吸收率的协同优化;微流控通风系统利用气压差驱动气流循环,结合气体传感器反馈机制,自主调节室内外空气交换速率。控制系统采用模型预测控制与强化学习算法,建立环境参数与墙体性能的非线性映射关系。通过实时优化策略生成,气动执行机构完成热响应、光响应及空气动力学响应的精准调控。这种自感知—自决策—自执行的智能调控机制,使墙体具备环境自适应能力,在提升自然采光效率的同时,有效降低建筑能耗与室内污染物浓度。智能墙体材料的应用突破了传统建筑围护结构的被动防护范式,形成具有环境感知、自主决策与动态响应能力的新型建筑系统。其通过多物理场协同调控,实现建筑性能与室内环境品质的整体提升,为绿色建筑智能化发展提供了关键技术支撑。

(二)屋顶材料

1. 绿色植被屋顶

绿色植被屋顶(见图9-1)作为多功能生态建筑技术,通过植物群落与屋顶结构的协同设计,实现环境调控与建筑性能的双重优化。该系统采用耐候性植物物种与轻质栽培基质的组合,构建具有雨水截留、蒸发冷却及空气净化能力的复合屋顶体系。植被层通过根系固土与叶片截留作用,显著降低暴雨径流系数,延缓雨水汇流速度,同时利用蒸腾作用消耗潜热,形成天然的温度调节屏障。热工性能方面,植被屋顶通过多层介质结构实现热阻提升与热惰性增强。植物冠层的遮阳效应与基质层的热容作用协同降低屋顶表面温度,减少建筑围护结构的热传导负荷。空气质量改善源于植物的光合作用与基质层的物理吸附。植被通过气孔交换吸收 CO_2 并释放氧气,同时叶片表面的绒毛结构可捕获颗粒物。基质层中的有机质分解与微生物活动进一步促进挥发性有机物的降解,形成生物—物理复合净化机制。生态景观价值方面,绿色植被屋顶通过季相变化与群落配置,构建城市上空的立体生态系统。其不仅提供鸟类栖息地与昆虫授粉通道,更通过视觉层次与色彩变化提升建筑美学品质。

图9-1 绿色植被屋顶

2.高性能防水隔热屋顶材料

高性能防水隔热屋顶材料通过多尺度结构设计与功能复合技术,显著提升建筑围护结构的防护性能与热工效能。此类材料采用高分子防水卷材、聚合物水泥基涂料及纳米孔气凝胶等先进体系,构建具有梯度功能特性的复合结构。防水层通过致密分子网络与化学键合作用,形成对水分子的有效阻隔屏障;隔热层则利用孔隙结构调控与辐射屏蔽机制,减少太阳辐射的热与热传导损失。材料性能的稳定性源于其本征耐候性与抗劣化能力。防水卷材采用氟碳树脂、聚硅氧烷改性聚合物等耐候性基体,通过交联密度优化与抗氧剂添加,抑制紫外线降解与热氧老化过程;隔热材料通过相变储能微胶囊或辐射制冷涂层等功能化改性,增强环境适应性。黏结界面则采用硅烷偶联剂、环氧树脂等高性能黏结剂,确保各功能层间的协同作用与长期稳定性。定制化设计策略基于材料基因组工程与多目标优化算法。通过调控组分比例、微观结构及制备工艺参数,实现防水性能、隔热性能及力学性能的协同提升。针对不同气候区域的建筑类型,可设计具有自修复功能的防水层、梯度密度隔热层或光伏—隔热一体化结构,满足严寒、夏热冬冷及夏热冬暖地区的差异化需求。

3.可伸缩屋顶材料

可变形屋顶材料通过智能驱动与自适应结构技术,实现建筑围护系统的动态响应与空间重构。此类材料集成形状记忆合金、电活性聚合物及流体驱动器等智能响应单元,构建具有环境感知能力的主动变形体系。当气象参数或热环境指标发生阈值变化时,材料内部驱动机制触发形状记忆效应、电致伸缩或气压传动,驱动屋顶结构实现连续或分阶段的形态转换。结构变形机制基于多物理场耦合作用与力学性能调控。SMA 材料通过马氏体相变产生可逆形变,EAP 材料利用电场诱导离子迁移引发宏观应变,流体驱动器则通过压力差控制机械运动。这些驱动单元与轻质复合结构协同工作,在保持结构完整性的前提下实现大变形能力。动态响应过程由嵌入式传感器网络与分布式控制系统实时调控,通过机器学习算法优化变形策略与环境适应性。可变形屋顶设计显著提升了建筑的空间效能与环境适应性。其动态开合功能可根据使用需求调节室内采光、通风与热环境,降低空调与照明能耗;形态自适应特性使建筑能够抵御极端天气的侵袭,同时创造多样化的空间体验。

(三)门窗材料

1. 高性能隔热隔音门窗材料

高性能隔热隔音门窗系统通过多尺度结构设计与功能复合技术,显著提升建筑外围护结构的热工性能与声学品质。该系统采用多层中空玻璃单元与断桥隔热铝型材的协同配置,构建具有梯度功能特性的复合结构。中空玻璃通过低辐射镀膜与惰性气体填充,形成对热辐射与热传导的双重阻隔;断桥铝型材则利用热塑性隔热条切断金属导热通路,降低热桥效应。声学性能优化源于材料本身阻尼特性与结构消声设计。多层玻璃间的弹性 PVB 夹层通过黏滞摩擦将声能转化为热能,断桥结构中的空腔共振效应进一步消耗特定频段声波能量。密封系统采用三元乙丙橡胶与聚硅氧烷密封胶的复合密封技术,形成气密性屏障,有效阻隔外界噪声穿透。材料性能的稳定性基于其耐久性设计与界面优化。中空玻璃边缘采用丁基胶与聚硫胶双道密封工艺,抵抗紫外线老化与温湿度循环作用;断桥铝型材表面经阳极氧化或氟碳喷涂处理,增强抗腐蚀性与耐候性。界面黏结则通过硅烷偶联剂增强有机—无机相容性,确保长期服役过程中的协同变形能力。

2. 自适应门窗系统

自适应门窗系统通过多物理场感知与智能驱动技术,实现建筑外围护结构的动态响应与性能优化。该系统集成分布式传感器网络、微型执行机构与自适应控制算法,构建环境参数实时监测与动态调节闭环。传感器阵列采用热敏电阻、风速计及光照度传感器等多元感知元件,可同步捕捉温度梯度、气流速度及光照强度等环境变量,通过边缘计算单元实现数据融合与特征提取。执行机构基于形状记忆合金驱动器、步进电机及气动装置等智能驱动技术,实现门窗开启角度与位置的精确调控。当环境参数触发预设阈值时,控制系统通过模型预测算法生成最优调节策略,驱动执行机构完成毫米级定位调整。这种自感知—自决策—自执行机制使门窗系统具备环境自适应能力,可动态平衡自然采光需求与遮阳隔热要求,优化室内外气流组织以降低空调负荷。结构创新设计采用模块化组合与仿生运动机构,确保动态调节过程中的气密性与结构稳定性。

(四)地面材料

1. 高性能防滑耐磨地面材料

高性能防滑耐磨地面体系通过材料本征特性调控与微观结构设计,显著提升建筑地面的安全性能与服役寿命。该体系采用环氧树脂基体与功能化填料的复合技术,构建具有多尺度增强效应的高分子复合涂层。环氧树脂网络通过交联密度优化与柔性链段引入,形成兼具高模量与韧性的基体相;功能填料则通过界面增强与应力分散机制,提升材料的抗磨损与抗滑移能力。耐化学腐蚀性能基于交联网络的化学稳定性与填料屏蔽效应。环氧树脂的醚键结构赋予材料优异的耐酸碱性能,纳米二氧化钛填料的引入进一步抑制腐蚀性介质的渗透。易清洁特性则通过表面能调控与抗污染涂层设计实现,水接触角滞后现象显著降低。该地面体系通过材料基因组工程与多目标优化策略,实现防滑性能、耐磨性能及耐化学腐蚀性能的协同提升。其模块化设计与定制化配方可满足食品加工、电子洁净、重工业等不同场景需求,为建筑地面工程提供长效防护解决方案。

2. 环保可降解地面材料

环保可降解地面材料通过生物基原料与绿色制备技术,实现建筑材料的生态化转型与全生命周期管理。该材料体系采用天然植物纤维与生物可降解聚合物的复合构建,形成具有环境响应特性的有机—无机杂化结构。原料选择遵循可再生资源优先原则,通过机械解纤与化学改性工艺,将生物质组分转化为具有工程性能的纤维增强体。环境友好性源于材料本身化学组成与制备工艺的绿色化设计。生物基聚合物通过酯键或醚键的可控降解机制,在自然环境条件下可在 $180 \sim 365$ 天内完全分解为 CO_2 和 H_2O,避免传统石油基材料造成的微塑料污染。废弃物管理策略采用生物降解—回收再生双路径。材料废弃后可通过堆肥化处理实现有机质还田,或经机械粉碎、热压成型等工艺再生为板材基材,形成"资源—产品—再生资源"的闭环体系。

3. 智能温控地面材料

智能温控地面系统通过热响应材料与自适应控制技术的集成,实现建筑围护结构的动态热管理。该系统采用电热膜、石墨烯基柔性加热元件与相变储能材料的复合结构,构建具有温度自调节能力的智能热控体系。电热膜通过碳纳米管或金属网格的焦耳热效应实现电能—热能转换,石墨烯材料则利用其高载流子迁移率与面内热导率特性,增强热响应速度与空间温度均匀性。温度自适应机制基于材料本身热物性与控制算法的协同作用。相变储能材料在相变温度区间通过潜热吸收/释放实现热缓冲,电热元件则通过 PID 控制算法与分布式温度传感器网络,实时调节功率输出以补偿环境热负荷波动。系统能效优化通过多物理场耦合设计与能量管理策略实现。电热膜采用分区供电架构,结合建筑热工分区特性进行差异化功率配置;石墨烯加热层通过微纳结构设计与界面热阻调控,将热转换效率提高。相变材料层则通过孔隙率优化与封装技术改进,实现高储能密度。

第三节　智能建筑与绿色建筑的装备技术

一、智能建筑的装备技术

(一)建筑自动化系统技术

建筑自动化系统构成智能建筑的中枢神经,它巧妙地融合了楼宇设备自控系统、消防自动化系统以及安全防范自动化系统等多个关键子系统,形成了一个高度集成的监控与管理平台。该系统通过精密的传感器网络、执行器组件以及智能控制器等核心设备,对建筑内部的环境状态进行实时、全面的监测。具体而言,系统能够捕捉到温度、湿度、光照强度以及空气质量等一系列关键环境参数,这些参数作为系统运行的基础数据,被精确地采集和分析。基于预设的控制策略和算法,建筑自动化系统能够对这些环境参数进行智能处理,并据此自动调节空调系统的制冷或制热功能、通风系统的风量分配以及照明系统的亮度调节等,以确保建筑内部环境始终维持在最优状态。此过程不仅展现了建筑自动化系统在设备管理上的高度智能化和自动化水平,还显著提升了建筑的能源利用效率。通过精确控制设备的运行状态,系统有效减少了能源的浪费,降低了建筑的运营成本。同时,这种集中监控和自动化管理的方式也大大提高了建筑管理的效率和准确率,为智能建筑的可持续发展和高效运行提供了有力的技术支撑。

(二)通信网络技术

智能建筑的实现依托于高速且稳定的通信网络,该网络是确保建筑内各设备间信息顺畅传输与共享的基础架构。在通信网络技术领域,以太网、无线网络及光纤通信等技术扮演着至关重要的角色。以太网技术,以其卓越的传输速度和高度的稳定性,成为建筑内部数据传输的首选。它能够满足智能建筑对大量数据快速、准确传输的需求,确保信息处理的时效性和可靠性。无线网络技术则以其独特的灵活性和广泛的覆盖范围,为智能建筑内的移动设备提供了便捷的接入方式。无论是手持设备还是智能终端,都能通过无线网络与建筑管理系统实现无缝连接,极大地提高了设备使用的便捷性和效率。光纤通信技术,以其长距离传输和大容量数据处理的能力,在智能建筑的长距离信息传输中发挥着关键作用。它不仅能够满足建筑内部复杂网络架构的高带宽需求,还能确保数据传输的稳定性和安全性,为智能建筑的远程监控和控制提供了有力的技术支持。

(三)智能安防技术

智能安防技术作为确保智能建筑安全性的关键要素,涵盖了视频监控、入侵检测、门禁管理以及火灾报警等多个子系统,共同构筑起一道严密的安全防线。视频监控系统凭借高清摄像头设备,对建筑内外部环境实施全天候、全方位的实时监控,并将捕捉到的视频数据实时传输至监控中心,为安全管理人员提供直观的现场画面,便于及时发现并处理异常情况。入侵检测系统则运用红外传感器、微波传感器等先进技术,对建筑周边及内部进行非法入侵行为的精准检测。一旦检测到可疑活动,系统将立即触发警报机制,及时响应并通知相关人员采取相应措施。门禁管理系统通过刷卡、指纹识别等身份验证手段,对进出建筑的人员进行严格控制和管理,有效防止未经授权的人员进入,确保建筑内部的安全与秩序。火灾报警系统则承担着实时监测火灾隐患的重任。它利用先进的传感技术,对建筑内的烟雾、温度等火灾指标进行持续监测,一旦检测到火灾迹象,系统将立即发出警报,并自动启动灭火设备,迅速扑灭火源,最大限度地减少火灾损失。

二、绿色建筑的装备技术

(一)节约能源技术

节能作为绿色建筑发展的核心追求之一,其实现依赖于一系列先进的节能技术。这些技术主要涵盖了建筑围护结构节能、高效暖通空调系统以及可再生能源利用等多个方面。在建筑围护结构节能方面,通过采用高性能的保温隔热材料和节能型门窗等构件,有效减少了建筑与外界环境的热量交换,从而显著降低了采暖和制冷过程中的能源消耗。这些措施不仅提高了建筑的保温隔热性能,还为建筑内部提供了更加舒适的居住环境。高效暖通空调系统则是通过运用先进的制冷、制热技术和智能化的控制策略,实现了能源的高效利用。这些系统能够根据室内外环境参数的变化,自动调节运行状态,确保在满足室内舒适度要求的同时,最大限度地减少能源消耗。可再生能源利用技术也是绿色建筑节能的重要手段。通过太阳能光伏发电、太阳能热水系统以及地源热泵系统等技术途径,将太阳能、地热能等可再生能源转化为建筑所需的电能、热能等形式,有效替代了传统的化石能源,减少了碳排放,促进了建筑的可持续发展。

(二)水资源利用技术

绿色建筑在水资源节约与循环利用方面,采取了一系列先进的技术措施。其中,雨水收集与利用系统是一项重要的水资源管理策略。该系统通过科学设计,有效收集屋顶及地面汇流的雨水,并经由专门的处理工艺,使水质达到非饮用水标准,进而应用于灌溉、冲洗等场景,实现了雨水资源的有效利用。中水回用系统也是绿色建筑中水资源循环利用的关键技术之一。该系统针对建筑内产生的生活污水,通过先进的处理工艺进行净化处理,使处理后的水质满足特定回用要求,如冲厕、洗车等,从而减少了新鲜水资源的消耗。同时,绿色建筑还广泛采用节水器具,以进一步提高水资源利用效率。节水马桶、节水水龙头等器具通过优化设计,能够在保证使用功能的前提下,显著减少水资源的浪费。这些节水器具的应用,不仅降低了建筑的用水量,还有助于培养用户的节水意识,推动节水型社会的建设。绿色建筑在水资源节约与循环利用方面,通过雨水收集与利用、中水回用以及节水器具等多项技术措施的综合应用,有效实现了水资源的高效利用和循环利用,还降低了建筑运营成本,具有显著的环境效益和经济效益。

(三)环保材料技术

绿色建筑在建筑材料的选择上,秉持着环保与可持续性的核心理念,致力于减少建筑对环境造成的负面影响及对人体健康的潜在危害。在此理念指导下,一系列环保材料被广泛应用于绿色建筑的构造之中。环保材料种类繁多,其中可再生材料因其来源广泛且具有可再生性而备受青睐。诸如木材、竹材等,不仅具备良好的环境性能,还能在建筑使用后阶段实现资源的循环利用,减少了对自然资源的过度开采。低能耗材料则是绿色建筑节能减排的关键。新型保温材料、节能玻璃等,通过提高建筑的保温隔热性能和采光效率,有效降低了建筑的能耗,减少了能源浪费,为建筑的可持续运行提供了有力保障。此外,无污染材料的应用也是绿色建筑不可或缺的一环。水性涂料、无甲醛板材等环保材料,在生产和使用过程中几乎不产生有害物质,显著减少了室内空气污染,为居住者提供了更加健康、舒适的居住环境。

(四)室内环境质量保障技术

绿色建筑致力于营造健康、舒适的室内环境,为此,室内环境质量保障技术成为其不可或缺的组成部分。其中,通风换气技术扮演着至关重要的角色。通过科学的通风设计,该系统能够确保室内空气的有效流通,及时排除污浊空气,引入新鲜空气,从而维持室内空气的清新与洁净。空气净化技术则是针对室内空气中可能存在的污染物而采取的有效措施。利用空气过滤器、负离子发生器等先进设备,该技术能够高效去除空气中的尘埃、有害气体等污染物,进一步提升室内空气的质量,为使用者提供更加健康的呼吸环境。同时,采光照明技术也是绿色建筑中不可或缺的一环。合理的采光设计能够充分利用自然光资源,为室内提供充足的光照,不仅节约能源,还能提升室内空间的明亮度和舒适度。而高效节能的照明设备的应用,则在保证照明效果的同时,降低了能耗,实现了照明与节能的双重目标。绿色建筑通过通风换气技术、空气净化技术以及采光照明技术等室内环境质量保障技术的综合运用,为使用者提供了一个既健康又舒适的室内环境。

第四节　材料与装备的创新发展

一、智能建筑材料的创新发展

(一)智能建筑材料的特性与应用

智能建筑材料具有多种特性,如感知特性、响应特性、自适应特性和能量收集与存储特性等。感知特性使得建筑材料能够感知温度、湿度、光照等环境参数的变化,为建筑的智能化控制提供基础数据。响应特性则使得建筑材料能够根据环境参数的变化,自动调节其性能,如调节透光率、保温隔热性能等,以满足建筑的使用需求。自适应特性使得建筑材料能够在长期使用过程中,根据建筑的使用情况和环境变化,自动调整其性能,延长建筑的使用寿命。能量收集与存储特性则使得建筑材料能够收集太阳能、风能等可再生能源,并将其存储起来,为建筑的能源供应提供新的途径。在绿色建筑中,智能建筑材料的应用越来越广泛。例如,智能窗户可以根据光照强度的变化自动调节透光率,减少室内照明能耗;智能保温材料可以根据室外温度的变化自动调节保温性能,减少采暖和制冷能耗;智能涂料可以具有自清洁、抗菌等功能,提高室内空气质量。

(二)智能建筑材料的创新方向

未来智能建筑材料的研发趋势将聚焦于多维性能协同优化与生态化转型。其核心创新方向体现为三个维度的技术突破:多功能复合化成为材料设计的重要范式。通过微纳结构设计与表面工程技术的深度融合,新一代智能材料将突破传统单一功能局限,实现热工性能、光学特性及自清洁功能的协同调控。智能化响应机制朝着高精度、自适应方向发展。基于物联网与嵌入式传感技术,材料将具备环境参数的实时感知能力,通过机器学习算法实现性能参数的动态优化。可持续性发展路径强调全生命周期环境负荷控制。材料研发将优先选用生物基原料和循环再生材料,通过绿色化学工艺降低制备过程中的碳排放。同时,材料设计注重可降解性与再利用率,例如开发基于动态共价键的聚合物网络,使材料在服役期满后可通过温和条件解聚回收。

二、绿色建筑材料的创新发展

(一)绿色建筑材料的特性与应用

绿色建筑材料具有多种特性,如环保性、可再生性、低能耗性和无污染性等。环保性使得建筑材料在生产、使用和废弃过程中,对环境的影响较小。可再生性则使得建筑材料可以来源于可再生资源,如木材、竹材等,减少了对非可再生资源的依赖。低能耗性使得建筑材料在使用过程中,能够减少能源的消耗,提高建筑的能源利用效率。无污染性则使得建筑材料在使用过程中,不会释放有害物质,对室内空气质量没有影响。在绿色建筑中,绿色建筑材料的应用越来越广泛。例如,使用可再生材料如木材、竹材等作为建筑结构材料,不仅减少了对非可再生资源的依赖,还增强了建筑的生态性;使用低能耗材料如新型保温材料、节能玻璃等,可以提高建筑的保温隔热性能和采光效率,减少建筑的能耗;使用无污染材料如水性涂料、无甲醛板材等,可以减少室内空气污染,提高室内空气质量。

（二）绿色建筑材料的创新方向

未来绿色建筑材料的技术革新将聚焦于性能跃升、功能复合、生态重构与智能融合四大维度。在性能优化层面，通过分子结构设计与制备工艺革新，实现热工性能、光学性能及机械性能的协同提升。功能复合化趋势体现为多物理场耦合效应的实现。通过构建梯度功能复合体系，材料可同时具备保温隔热、声学阻尼、防火阻燃等多重功能。这种多功能集成源于材料内部微观结构的精准设计，如采用层状双氢氧化物插层结构，可同步实现阻燃性能与有害气体吸附功能。生态化设计路径强调物质循环与生物相容性。优先选用生物基原料和可降解材料，通过绿色化学工艺降低环境负荷。典型技术包括开发基于动态共价键的聚合物网络，使材料在服役周期结束后可通过温和条件解聚回收，实现资源循环利用。智能融合方向聚焦于材料-系统协同优化。通过将传感元件与驱动单元嵌入建筑材料基体，构建具有自感知、自调节能力的智能复合体系。这种材料—系统一体化设计使建筑围护结构能够根据环境参数自主调节热工性能与光学特性，实现建筑能耗降低，提升室内环境舒适度与智能化管理水平。

三、智能施工装备的创新发展

（一）智能施工装备的特性与应用

智能施工装备通过多技术融合实现施工过程的范式革新，其核心特性体现为自动化作业、环境感知与参数精控三个维度。自动化特性基于预设算法与机械执行系统的深度耦合，使装备能够自主完成土方开挖、材料运输等重复性作业流程，通过路径规划与运动控制模块的协同，将人工干预频次降低至传统工艺标准以下，显著提升施工效率。智能化特性依托多传感器融合技术与边缘计算架构，构建施工环境的实时感知网络。装备可动态捕捉地质条件、气象参数等环境变量，通过数字孪生模型进行工况预测与决策优化。例如，智能混凝土搅拌系统通过在线监测骨料含水率与温度波动，自适应调整配合比参数，确保混凝土工作性能符合设计要求。精准化特性源于先进定位系统与闭环控制技术的集成应用。采用激光定位、视觉识别等技术，施工装备可实现厘米级定位精度，结合伺服驱动系统对施工深度、压实度等关键参数进行实时修正。在绿色建筑建造领域，智能施工装备的技术优势推动建造方式向低碳化、精细化转型，通过自动化作业减少机械空转能耗，智能化控制优化材料用量，精准化施工降低返工率。

(二)智能施工装备的创新方向

智能施工装备的技术在之后的演进将聚焦于智能感知增强、功能模块集成、绿色效能提升与安全防护升级四大核心领域。在智能感知维度,通过多模态传感器融合与边缘计算技术,装备将实现施工环境参数的实时精准捕捉,结合数字孪生模型构建动态工况图谱,使决策响应速度提升至毫秒级,参数控制精度达到亚毫米级。功能模块集成化趋势体现为跨工艺作业能力的突破。基于机电一体化设计与模块化架构,新型装备将整合挖掘、运输、铺设等多工序功能,通过可重构机械臂系统与智能工具切换装置,实现单一设备对多施工场景的适应性覆盖,作业效率较传统分体式装备提升。绿色效能提升路径聚焦于低碳化技术革新。采用氢燃料电池、电动驱动等清洁能源系统,结合能量回收装置与智能能效管理算法,使装备单位作业能耗降低,碳排放强度下降至传统装备的水平。同时,通过生物可降解润滑材料与低噪声设计,减少施工过程的生态干扰。安全防护体系升级依托智能监控与主动防护技术。集成激光雷达、毫米波雷达等多元感知单元,构建360°无死角安全监测网络,结合深度学习算法实现风险态势预测。装备配备自动紧急制动、防碰撞预警等主动防护系统,可将施工事故率降低,形成"感知—预警—处置"的闭环安全控制机制。

四、智能监测与维护装备的创新发展

(一)智能监测与维护装备的特性与应用

智能监测与维护装备通过多技术融合实现建筑运维管理的范式革新,其核心特性体现为实时状态感知、数据深度解析与远程协同控制三个维度。实时状态感知依托分布式传感网络与边缘计算节点,构建建筑环境参数与设备运行状态的全域监测体系,数据采集频率可达秒级,为运维决策提供高时效性的基础信息支撑。数据深度解析基于机器学习与模式识别算法,对多源异构数据进行关联分析与趋势预测。通过构建建筑性能数字孪生模型,实现能耗异常检测、设备故障预警等功能,将潜在风险识别准确率提升。这种数据驱动的分析模式突破了传统阈值报警的局限性,使运维管理具备主动预判能力。远程协同控制依托5G通信与物联网技术,构建跨地域的装备控制网络。运维人员可通过云端平台对建筑设备进行参数调节与模式切换,结合数字孪生体的虚拟调试功能,可预先验证控制策略的有效性,避免误操作对建筑运行造成干扰。

（二）智能监测与维护装备的创新方向

未来智能监测与维护装备的技术演进将聚焦于感知精度跃升、数据智能增强、远程协同优化与系统集成创新四大核心领域。在感知精度维度，通过微纳传感技术与多物理场耦合检测方法的突破，装备将实现建筑状态参数的纳米级分辨率监测，为结构健康评估提供高精度数据基底。数据智能增强方向依托深度学习架构与知识图谱技术，构建多模态数据融合分析模型。通过时空序列挖掘算法与因果推理机制，系统可自动识别复杂运维场景中的隐含关联，并生成具有可解释性的决策建议。远程协同优化路径基于数字孪生与边缘智能技术，实现控制指令的毫秒级响应与多设备协同。系统集成创新体现为跨功能模块的深度融合。通过机电一体化设计与软件定义硬件技术，装备将整合状态监测、故障诊断、自适应控制等多元功能，形成"感知—分析—决策—执行"一体化的智能运维平台。这种集成化架构可消除信息孤岛，推动建筑运维管理向全生命周期智能化服务转型。

五、绿色建材生产设备的创新发展

（一）绿色建材生产设备的特性与应用

绿色建材生产设备通过技术创新实现建材生产过程的低碳化与高效化，其核心特性体现为工艺效能提升、能源效率优化与环境负荷控制三个维度。工艺效能提升依托先进过程控制技术，通过流场优化设计与智能控制系统，提高混合、搅拌等关键工序的生产效率，降低产品均质性标准差，显著缩短生产周期并降低单位产品能耗。能源效率优化采用新型节能技术与能量回收系统，如提升热泵烘干技术可提升热能利用率，提高余热回收装置使能源梯级利用效率。设备集成智能能效管理系统，通过实时监测与动态调整工艺参数，实现降低单位产品综合能耗，推动建材生产向能源集约型模式转变。环境负荷控制基于清洁生产技术与循环经济理念，设备采用封闭式生产系统与粉尘回收装置，降低颗粒物排放浓度，提升废水回用率。通过生物可降解润滑剂与低挥发性有机化合物材料的应用，减少生产过程中的有害物质释放。通过工艺创新与系统优化，设备不仅提升了生产效能，更构建起贯穿原材料处理、加工成型到废弃物管理的全链条绿色制造体系，为建筑行业的可持续发展提供技术支撑。

（二）绿色建材生产设备的创新方向

未来绿色建材生产设备的创新演进将聚焦于能效跃升、低碳化转型、环境负荷削减与智能控制融合四大核心领域。在能效跃升方向,通过工艺创新与装备集成技术,设备将提升单位时间产能,同时采用模块化设计理念缩短生产线重构周期,使生产系统具备快速响应市场需求的柔性制造能力。低碳化转型路径依托新型节能技术与能源管理系统,重点突破高效电机驱动、余热梯级利用等关键技术。通过构建能源互联网架构,实现设备间能量流的智能调配,预计降低生产综合能耗。环境负荷削减基于清洁生产技术与循环经济模式,设备将集成粉尘超净排放与废水零排放系统,采用生物基润滑剂与可降解包装材料,减少生产废弃物产生量。通过闭环物料循环系统,实现边角料与副产品的回用,构建"资源—产品—再生资源"的循环制造体系。智能控制融合依托工业互联网与数字孪生技术,构建设备全生命周期管理平台。通过多传感器融合感知与深度学习算法,实现工艺参数自适应优化与设备故障预测,提升生产合格率。

第十章　智能建筑与绿色建筑的维护与更新

第一节　智能建筑维护与更新策略

一、智能建筑维护策略

(一)建立完善的维护管理制度

　　针对智能建筑内设备与系统的独特性及其运行状况,制定一套详尽的维护策略至关重要。此策略应细致划分维护作业的内容、执行周期以及具体负责人员,以确保维护工作的系统性与高效性。以空调系统为例,其维护方案可涵盖每月一次的滤网清洁作业,以及每季度进行的制冷剂量检查等关键环节,但此处仅为示意,实际计划需依据设备具体状况定制。为进一步增强维护管理的科学性,有必要为每一台设备及其系统建立专属的维护记录档案。这些档案应全面收录设备的基本参数信息、历次维护的详细记录,以及曾发生的故障情况等内容。通过维护档案的建立与完善,可为设备的后续维护作业及更新换代提供有力的数据支撑,助力维护人员深入把握设备的运行态势。同时,为维护工作的持续优化与提升,应构建一套针对维护人员的绩效考核评价体系。该体系需围绕维护人员的工作质量、工作效率等核心指标展开,通过客观、公正的考核,有效激发维护人员的工作积极性与创造力,促使其不断提升自身的维护技能水平。通过实施上述维护策略、建立维护档案及绩效考核机制,可有力保障智能建筑内设备与系统的稳定运行。

(二)加强设备日常巡检

　　为确保智能建筑中设备与系统的稳定运行,应组织专业维护人员实施定期巡检制度。巡检工作需覆盖建筑内的所有关键设备与系统,细致检查其运行状态、连接稳定性以及外观完整性等多个方面。在巡检过程中,维护人员应充分利用便携式检测设备,如红外线热像仪用以探测设备温度异常,万用表用于测量电气参数等,以此辅助识别设备的潜在缺陷或隐患。巡检过程中,维护人员需秉持严谨细致的态度,对发现的任何异常或疑似故障情况进行详细记录。记录内容应包括但不限于问题发生的具体位置、现象描述、可能的原因分析以及初步的处理措施或建议。对于巡检中发现的故障隐患,维护人员应立即采取必要措施进行处理,或及时上报相关部门以便后续跟进,确保问题得到及时有效的解决,防止故障进一步扩大,影响建筑的整体运行效能。通过实施定期巡检制度,并结合详细的巡检结果记录与问题处理机制,可以显著提升智能建筑设备与系统的维护管理效率,确保设备处于良好的运行状态,为智能建筑的安全、高效运营提供有力保障。同时,这也为设备的预防性维护提供了数据支持,有助于优化维护计划,延长设备使用寿命。

(三)采用预防性维护技术

在智能建筑维护管理中,关键设备与系统的状态监测扮演着至关重要的角色。通过部署传感器及先进监测设备,可实时捕捉并记录设备运行过程中的各项参数及状态信息。例如,针对电机这一核心部件,通过持续监测其振动频率、温度分布等关键指标,能够有效识别并预警潜在的故障隐患。为进一步提升故障识别的精准度与效率,需运用故障诊断技术对收集到的监测数据进行深入分析。此技术可依托专家系统的知识库,结合机器学习算法的强大处理能力,对设备运行状态进行智能判别,准确识别故障类型及其成因。基于状态监测与故障诊断的结果,可实施预测性维护策略。该策略通过综合分析设备运行状况、故障发展趋势及历史维护数据,科学预测设备的剩余使用寿命及未来故障可能发生的时间节点。据此,可提前规划并制订针对性的维护计划,采取预防性维护措施,有效避免设备因突发故障而导致的停机损失。

(四)培养专业的维护人员

为确保智能建筑维护工作的专业性与前瞻性,应定期组织维护人员参与系统化的专业培训。培训内容需紧密围绕智能建筑领域的最新技术进展、新型设备应用以及先进维护方法,旨在全面提升维护人员的专业技能与知识储备。具体而言,培训内容可涵盖设备规范操作流程、高效维护技巧、精确故障诊断方法等多个维度,以确保维护人员能够熟练掌握并灵活运用。同时,应积极营造鼓励学习的氛围,激励维护人员主动关注行业动态,紧跟技术发展趋势,通过自主学习不断提升个人专业水平。此举有助于维护人员保持对新技术、新设备的敏感度,为智能建筑的维护工作注入持续的创新动力。此外,为构建稳定的维护人才体系,应着手建立维护人才储备库。通过吸引并培养具有潜力的优秀维护人才,为智能建筑的长期维护提供坚实的人才保障。人才储备库的建立,不仅有助于应对突发维护需求,还能促进维护团队的整体素质与能力提升,确保智能建筑维护工作的连续性与高效性。

二、智能建筑更新策略

(一)技术评估与规划

在智能建筑的管理与维护中,技术评估是一项至关重要的环节。需定期对建筑所采用的各项技术进行全面而深入的评估,以准确把握技术的发展现状及未来趋势,同时评判现有技术在适用性与先进性方面的表现。技术评估的范围应广泛覆盖硬件设备、软件系统以及通信协议等多个关键领域,确保评估的全面性和准确性。基于技术评估的详尽结果,并结合建筑的实际运营需求,应科学制定智能建筑的更新规划。更新规划需明确界定更新的核心目标,详细列举更新的具体内容,合理规划更新的实施时间,并精确预算更新的所需成本。通过这一系列细致周到的规划工作,确保智能建筑的更新工作能够有条不紊地推进,实现技术升级与建筑运营的顺畅衔接。此外,更新规划还应充分考虑技术的可持续性与兼容性,确保新引入的技术能够与现有系统有效集成,为智能建筑的长期发展奠定坚实基础。通过持续的技术评估与科学的更新规划,智能建筑能够保持技术的领先性与运营的高效性。

(二)硬件设备更新

在智能建筑硬件设备更新过程中,设备选型是至关重要的一环。需紧密围绕建筑的功能需求及技术发展趋势,进行严谨而细致的选择。选型时,应综合考量设备的性能表现、可靠性程度以及与其他系统的兼容性等多个维度,确保所选设备能够满足建筑运营的实际需求,并具备良好的发展前景。为避免硬件设备更新对建筑正常运行造成显著影响,建议采取逐步更新的策略。具体而言,可以先针对部分关键设备进行更新,待其稳定运行后,再逐步扩展至其他设备。此方式有助于分散更新风险,确保建筑运营的连续性和稳定性。对于淘汰的旧设备,应秉持节约资源和保护环境的原则,进行合理处置。可通过设备回收机制,将仍具使用价值的设备转售或捐赠给有需要的单位或个人,实现资源的再利用。对于无法再利用的设备,应遵循环保法规,采取妥善的废弃处理措施,防止对环境造成污染。

(三)软件系统升级

在智能建筑软件系统的维护与管理中,功能优化是一项核心任务。需依据用户的实际需求及建筑的实际运行状况,对软件系统进行针对性的功能调整与完善。具体而言,可增添新的控制功能模块,以拓展系统的功能范围;同时,优化用户界面设计,提升系统的易用性与实用性,确保用户能够便捷高效地操作系统。鉴于网络安全形势的日趋复杂,软件系统的安全加固显得尤为重要。应定期对系统进行全面的安全漏洞扫描,及时发现并修复存在的安全隐患。同时,需加强用户认证机制,确保用户身份的真实性与合法性,并实施数据加密技术,保障数据在传输与存储过程中的安全性,从而全面提升软件系统的安全防护能力。在软件系统升级过程中,兼容性改进是不可忽视的一环。需充分考虑升级后的系统与现有硬件设备及其他软件系统的兼容性问题。通过接口改造、协议转换等技术手段,确保升级后的软件系统能够与现有系统实现无缝对接,避免因兼容性问题导致的系统故障或运行不畅。

(四)与新兴技术相融合

在智能建筑的领域中,物联网技术的融入促进了设备间的互联互通与智能化管理水平的提升。通过部署物联网传感器,能够实时采集建筑内部的环境参数,如温度、湿度、光照强度等,进而实现对空调、照明等关键设备的智能调控,以适应建筑内人员的需求及环境变化。同时,大数据技术也发挥着至关重要的作用。智能建筑在运行过程中产生了海量的数据,利用大数据技术对这些数据进行深度分析和挖掘,可以揭示出建筑运营的内在规律,为管理决策提供科学依据。此外,人工智能技术的引入为智能建筑带来了自动化诊断与决策的能力。借助先进的人工智能算法,可以对建筑设备的运行状态进行实时监测与预测,及时发现潜在故障并进行精确诊断,从而显著提升维护工作的效率与准确率。这一技术的应用,不仅减少了人工巡检的频次,还降低了因设备故障导致的运营中断风险,为智能建筑的稳定、高效运行提供了有力保障。通过上述技术的综合应用,智能建筑实现了设备管理的智能化、运营决策的数据化以及故障处理的自动化。

三、智能建筑维护与更新的协同管理

(一)信息共享与沟通

在智能建筑的管理体系中,构建一个高效的信息平台对于维护与更新工作至关重要。该平台应集成设备运行状态监测、维护记录存档以及更新计划管理等多重功能,旨在促进维护人员、更新人员与管理人员之间的信息流通与协同合作。通过这一信息平台,各方能够实时获取设备运行的最新状态,查阅详尽的维护历史记录,并明确未来的更新计划,从而确保信息的准确性与时效性。为了进一步加强沟通与协调,应定期组织维护与更新的沟通会议。这些会议应围绕维护与更新工作中遇到的具体问题展开深入讨论,探索切实可行的解决方案。通过会议的交流与碰撞,各方能够增进理解,明确责任分工,有效协调各方工作进度,确保维护与更新任务的顺利实施。此外,会议还应成为经验分享与知识传递的平台,鼓励参与人员就工作中的成功案例、创新思路进行交流,共同提升团队的专业技能与应对复杂问题的能力。

(二)风险评估与应对

在智能建筑的维护与更新进程中,风险识别是一项至关重要的任务。需对潜在的多维度风险进行系统性识别,其中包括技术风险、安全风险以及成本风险等关键要素。技术风险可能源于新技术引入的不确定性或现有技术升级的兼容性问题;安全风险则可能涉及数据泄露、系统被攻击等威胁;成本风险则与预算超支、资源浪费等相关。针对识别出的风险,需开展细致的风险评估工作。此过程需深入分析风险发生的可能性,即风险事件出现的概率,并评估其一旦发生后对智能建筑运营、维护更新工作以及相关利益方可能产生的影响程度,以量化风险的大小和严重性。基于风险评估的结果,应制定针对性的风险应对措施。对于技术风险,可提前进行技术储备,开展必要的技术测试与验证,确保技术的可行性和稳定性;针对安全风险,需加强安全防护措施,如提升系统防护等级、加强数据加密与访问控制等;对于成本风险,则需严格预算管理,优化资源配置,确保维护与更新工作的经济效益。

第二节 绿色建筑维护与更新技术

一、绿色建筑维护技术

(一)建筑性能监测

1. 能源监测

能源监测系统的部署,旨在实现对建筑能源消耗数据的实时采集,涵盖电力、燃气、水等多种能源类型。该系统通过高精度的监测手段,持续追踪并记录建筑在各时段的能源使用状况,为深入分析能源消耗规律与趋势提供了坚实的基础。通过对采集数据的细致剖析,可揭示能源消耗过程中的内在规律和潜在问题。这一过程不仅关注能源使用的总量,更深入探究其分布特性及随时间的变化趋势,从而精准定位能源浪费的关键环节。具体而言,系统能够识别出能源消耗异常的区域或时段,为后续的节能措施制定提供明确的方向。在能源浪费环节的诊断中,系统发挥着重要作用。以照明能耗为例,若监测数据显示某区域照明能耗显著偏高,则可进一步分析其原因。这可能涉及照明设备的老化导致能效下降,或者照明控制系统设计不合理,如照明时间过长、亮度设置过高等。通过系统的监测与分析,能够及时发现这些问题,并为后续的节能改造提供有力的数据支持。

2. 环境质量监测

对建筑内部环境进行全面监测,是确保室内空气质量、温湿度及光照等关键参数符合健康舒适标准的重要手段。通过部署先进的环境监测系统,能够实时捕捉并分析室内环境的各项指标,为评估室内环境质量提供科学依据。空气质量监测作为其中的重要一环,能够精准识别室内 CO_2、甲醛等有害物质的浓度水平。这些有害物质若超标,将对人体健康构成潜在威胁。因此,监测系统能够及时发现超标情况,为采取必要的通风换气或空气净化措施提供预警。通过调整通风系统、启用空气净化设备或增加室内绿植等方式,有效降低有害物质浓度,保障室内空气的清新与健康。同时,温湿度监测也是确保室内环境舒适性的关键。适宜的温湿度条件不仅能够提升居住者的舒适度,还有助于保护建筑内部的装饰材料和家具,延长其使用寿命。监测系统能够实时反馈温湿度数据,为调节空调系统、加湿或除湿设备提供准确依据,从而维持室内环境的稳定与舒适。

3. 结构安全监测

传感器技术被广泛应用于建筑结构的实时监测中,以有效评估结构的健康状态并及时发现潜在的安全隐患。通过精心布置的传感器网络,能够对建筑的结构变形、应力等关键参数进行持续、精确的监测。在建筑结构监测过程中,传感器扮演着至关重要的角色。它们能够实时捕捉结构在受力过程中的微小变化,包括裂缝的产生、扩展以及基础的沉降等现象。这些变化往往是结构安全性的重要指标,对于预防结构失稳具有至关重要的意义。特别是在大跨度建筑中,由于结构复杂且受力情况多变,安装应变传感器成为监测结构受力情况的有效手段。应变传感器能够准确测量结构在荷载作用下的应变变化,反映结构的实际受力状态。此外,传感器技术还能够与其他监测手段相结合,形成综合性的结构健康监测系统。该系统能够全面、实时地评估建筑结构的健康状况,及时发现并预警潜在的安全隐患,为建筑的安全运营提供有力保障。

(二)设备维护

1. 暖通空调系统维护

空调设备的定期检查与维护是保障其正常运行及提升能源利用效率的关键环节。此过程涵盖了对空调系统的全面检查,包括过滤器的清洁、制冷剂泄漏的检测以及设备运行参数的调整等多项任务。过滤器作为空调系统中的重要部件,其清洁程度直接影响空气流通效率及能耗水平。因此,定期对过滤器进行清洗,可有效去除积聚的灰尘和杂质,恢复其过滤功能,进而提升空气流通效率,降低系统能耗。同时,制冷剂泄漏的检查也是维护工作中不可或缺的一环。制冷剂泄漏不仅会导致系统制冷效果下降,还可能对环境造成污染。因此,通过专业的检测手段,及时发现并修复泄漏点,对于维护空调系统的正常运行及保护环境均具有重要意义。此外,根据空调系统的实际运行状况,合理调整设备运行参数,如温度设定值、风速等,也可在保障室内环境舒适度的同时,进一步提高能源利用效率。

2. 电气系统维护

电气线路、开关及插座等设备的安全性检查是保障建筑电气系统稳定运行的重要环节。此过程需对电气线路进行全面细致的检查,同时关注开关、插座等关键部件的状态,以及时发现并更换老化或损坏的部件。在检查过程中,应特别关注配电箱内的开关设备。通过专业手段检测开关是否存在过热现象,以及是否出现漏电等潜在安全隐患。过热和漏电均可能导致电气火灾或设备损坏,因此必须予以高度重视。此外,电气设备的定期保养和调试也是确保其性能稳定的关键措施。保养工作包括清洁设备表面、检查紧固件是否松动、润滑运动部件等,以延长设备使用寿命。调试工作则旨在验证设备性能是否符合设计要求,确保其在正常运行状态下能够发挥最佳效能。通过实施定期的安全性检查、保养和调试工作,可以及时发现并处理电气设备存在的潜在问题,防止故障发生,保障建筑电气系统的安全稳定运行。同时,这也有助于提高电气设备的能效,降低能耗,为建筑的节能减排和可持续发展做出贡献。

3. 给排水系统维护

给排水系统的定期检查与维护是确保建筑用水安全及水资源高效利用的关键环节。此过程需对管道系统进行全面检视,以查明是否存在漏水或堵塞等异常情况,同时验证水泵的工作状态是否良好。管道作为水资源输送的通道,其完整性直接关系到水资源的有效利用。因此,需细致检查管道各连接处是否紧密,有无漏水迹象,以及管道内部是否畅通无阻。一旦发现漏水问题,需及时采取修复措施,以防止水资源无谓流失。水泵作为给排水系统的核心设备,其工作状态直接影响系统的运行效率。故需定期检查水泵的运转情况,确保其能够稳定、高效地抽水送水。此外,水箱、水池等储水设施也需定期进行清洗和消毒处理。通过清除积垢和杀灭细菌,可有效保障水质安全,防止水污染事件发生。

(三)建筑围护结构维护

1. 外墙维护

外墙系统的定期检查与维护对于保障建筑的美观性、功能性和能源效率至关重要。此过程需细致检查外墙的保温层与饰面层,以识别是否存在开裂、脱落等损害现象。保温层作为建筑外墙的重要组成部分,其完整性直接关系着建筑的保温性能。因此,需对外墙保温层进行全面检视,一旦发现裂缝或破损,应及时采取修补措施,以防止热量散失,确保建筑的能源效率。饰面层则直接关乎建筑的外观美观性。长期暴露于自然环境中,饰面层易受污染、风化等因素影响,出现色泽褪化、质地老化等问题。为此,需定期对外墙进行清洗和保养,有效去除表面积累的污垢和杂质,恢复饰面层的原有光泽和质感。同时,清洗和保养工作还能延长外墙的使用寿命,减少因污垢积累导致的维修和更换成本。通过采用适宜的清洗剂和保养方法,可确保外墙系统的长期稳定性和耐久性。

2. 屋面维护

屋面系统的检查与维护是确保建筑结构完整性与功能性的关键环节。此过程需对屋面的防水层进行细致检视,以验证其是否保持完好无损,有效阻挡雨水渗透。同时,排水系统的畅通性也是检查的重点,需确保排水路径无阻碍,能够迅速将雨水引导至指定排放点。除防水与排水功能外,屋面的保温与隔热性能同样至关重要。因此,需对屋面所使用的保温、隔热材料进行全面检查,确认其性能是否仍符合设计要求,以维持室内温度的稳定性,提高能源利用效率。为维护屋面系统的整体性能,定期清理屋面杂物显得尤为重要。杂物积累可能导致排水口堵塞,进而影响排水系统的正常运行。通过定期清扫,可有效避免这一问题,确保排水系统始终保持畅通。此外,对屋面系统的定期检查与维护还应包括对接缝、裂缝等潜在渗漏点的细致检查,以及必要时采取的修补措施。

3. 门窗维护

门窗系统的维护检查是保障建筑室内环境舒适性与能源效率的重要环

节。此过程需特别关注门窗的密封性能,通过细致检查,及时发现并更换那些因老化或损坏而失效的密封胶条。密封胶条的完好性直接关系到门窗的密闭效果,对于防止空气渗漏、提高室内保温性能至关重要。同时,门窗五金件的润滑与保养也是不可忽视的工作。五金件作为门窗开关操作的关键部件,其灵活性与耐用性直接影响着门窗的使用体验。因此,需定期对五金件进行润滑处理,减少摩擦阻力,确保其开关动作顺畅无阻。在维护检查过程中,一旦发现门窗存在漏风问题,应立即采取措施更换损坏的密封胶条。这一操作不仅能有效解决漏风问题,还能显著提升室内的保温性能,降低能源消耗,符合节能减排的环保理念。此外,门窗系统的维护还应包括对框体、玻璃等部件的检查,确保无裂纹、变形等异常情况。对于发现的任何问题,都应及时进行修复或更换,以维持门窗系统的整体性能。

二、绿色建筑更新技术

(一)节能改造技术

1. 围护结构节能改造

为提升建筑的能源效率与室内环境舒适性,可采用新型保温隔热材料对建筑的围护结构进行全面改造。具体而言,针对外墙、屋面及门窗等关键部位,通过应用先进的保温隔热技术,有效增强其保温隔热性能。在外墙方面,可考虑增加外保温系统,该系统由高性能保温材料构成,能够显著降低外界温度波动对室内环境的影响,提高建筑的保温效果。此举措不仅有助于减少能源消耗,还能提升建筑的整体热工性能。屋面作为建筑顶部的围护结构,其保温隔热性能同样至关重要。通过采用新型保温隔热材料对屋面进行改造,可有效阻止热量传递,降低夏季室内温度,减少空调能耗。门窗作为建筑与外界环境交换空气的主要通道,其保温隔热性能直接影响着建筑的能源效率。因此,更换高性能的节能门窗成为改造的重点。这类门窗采用先进的密封技术和保温材料,能够显著减少空气渗漏,提高保温隔热效果。

2. 可再生能源利用改造

为降低建筑对传统能源的依赖,促进能源结构的可持续转型,可安装一系列可再生能源利用设备。这些设备包括但不限于太阳能光伏板、太阳能热水器以及地源热泵等,它们能够有效捕捉并利用自然界中的可再生能源,为建筑提供清洁、可持续的能源供应。在建筑屋顶等光照充足的区域安装太阳能光伏板,是一种高效利用太阳能的方式。光伏板能够将太阳能直接转化为电能,通过电力转换系统供给建筑内部的各类电器设备使用,从而实现建筑用电的自给自足或部分自给,显著减少对传统化石能源的消耗。此外,太阳能热水器也是一种值得推广的可再生能源利用设备。它利用太阳能集热器吸收太阳光能,将其转化为热能,用于加热水体,满足建筑内部的热水需求,进一步减少对传统能源的依赖。地源热泵则是一种利用地球内部稳定热能进行供暖和制冷的高效系统。通过地下埋设的换热管道,地源热泵能够提取或释放地热能,为建筑提供稳定的温度调节服务。

3. 照明系统节能改造

为提升建筑照明系统的能源效率,应采用高效节能的照明灯具,其中 LED 灯因其高亮度、低能耗的特性而备受青睐。此类灯具不仅能够提供优质的光照效果,还能在显著降低能耗的同时,延长使用寿命,减少更换频率,从而降低维护成本。在此基础上,进一步安装智能照明控制系统,可实现照明亮度的智能化调节。该系统能够根据室内光照强度的实时变化以及使用需求,自动调整灯具的亮度,确保在满足照明需求的同时,最大限度地节约电能。具体而言,可在办公区域等人员流动较大的场所安装人体感应传感器。此类传感器能够精准感知人员的存在与离开,从而实现人来灯亮、人走灯灭的智能化控制。这种控制方式不仅增强了照明的便捷性,还有效避免了因人员疏忽或忘记关灯而造成的能源浪费。通过采用高效节能的照明灯具与智能照明控制系统的结合,建筑照明系统能够在保证照明质量的前提下,实现能源的高效利用。此举措不仅有助于降低建筑的运营成本,还能为节能减排、保护环境做出积极贡献,推动建筑向绿色、可持续的方向发展。

(二)设备更新技术

1. 暖通空调设备更新

为提升建筑空调系统的能源利用效率,应优先选用高效节能的空调设备,诸如变频空调以及水地源热泵空调等。这类空调设备以其先进的节能技术和高效的运行性能,显著降低了能耗,同时保证了良好的室内环境调控效果。在此基础上,对空调系统的控制方式进行优化显得尤为重要。通过采用先进的控制策略,可以进一步提高空调系统的运行效率,确保其在满足室内环境需求的同时,实现能源的最小化消耗。具体而言,可引入智能控制系统对空调设备进行自动调节和优化运行。智能控制系统能够实时监测室内外环境参数,如温度、湿度等,并根据预设的舒适偏好和节能目标,自动调整空调设备的运行状态。这种智能化的控制方式不仅能够提高空调系统的响应速度和调节精度,还能有效避免能源浪费,提升系统的整体能效。通过选用高效节能的空调设备,并结合智能控制系统的优化控制,建筑空调系统能够在保证室内环境舒适性的前提下,实现能源的高效利用。这不仅有助于降低建筑的能耗和运营成本,还能为节能减排和可持续发展做出积极贡献。

2. 电梯设备更新

针对老旧电梯设备,应进行必要的更新换代,以节能型、高安全性能的电梯产品取而代之。这一举旨在提升电梯的运行效率与安全性,同时降低能耗,符合建筑可持续发展的要求。在新电梯产品的选择上,应重点关注其节能特性和安全性能。节能型电梯通过采用先进的驱动技术和控制策略,能有效减少运行过程中的能耗。而高安全性能的电梯则能确保乘客的安全,降低事故风险。此外,对电梯的运行管理进行优化同样至关重要。通过改进电梯的调度策略,可以减少电梯的空载运行,提高运行效率。具体而言,可引入目的楼层控制系统,该系统能够根据乘客的目的楼层信息,智能调度电梯,使电梯更加精准地停靠于需求楼层,从而减少不必要的停靠和等待时间。目的楼层控制系统的应用,不仅能提高电梯的运行效率,还能进一步降低能耗。

(三)功能空间更新技术

1. 空间布局调整

随着建筑使用功能的演变,对其空间布局进行重新规划与调整成为必要之举。此过程需基于建筑当前的实际需求与未来发展趋势,对既有空间进行科学合理的配置与优化。具体而言,针对建筑中闲置或利用率较低的办公空间,可通过改造升级,赋予其新的使用功能。例如,可将这些空间转变为会议室,以满足日益增长的会议需求,促进团队间的沟通与协作。同时,亦可将其改造成休闲区,为建筑使用者提供一个放松身心、交流互动的场所,从而提升建筑的整体舒适度和使用满意度。在空间布局的重新规划与调整过程中,应充分考虑建筑的结构安全、使用便捷性以及空间的高效利用。确保改造后的空间布局既符合建筑的使用功能要求,又能体现人性化设计理念,满足使用者的多元化需求。此外,空间布局的调整还应与建筑的整体风格相协调,保持建筑外观与内部空间的和谐统一。通过精心的规划与巧妙的设计,使建筑在功能得到完善的同时,也展现出独特的魅力与风采。

2. 室内装修更新

在建筑内部的装修更新过程中,应着重采用环保、节能的装修材料,以有效改善室内环境质量,营造更加健康、舒适的居住和工作环境。这一理念要求在选择装修材料时,需充分考虑其环保性能和节能特性。具体而言,可选用水性涂料作为墙面装饰材料。水性涂料以其低挥发性有机化合物含量、无毒无害、易于施工等优点,成为环保装修的首选。使用水性涂料不仅能减少室内空气污染,还能提升居住者的健康水平。同时,环保地板也是装修更新中的重要选择。环保地板通常采用天然木材或可再生材料制成,具有耐磨、防潮、易清洁等特点。与传统地板相比,环保地板在生产过程中减少了有害物质的排放,降低了对环境的污染。在装修更新过程中,还应注重材料的节能性能。选择具有良好保温隔热性能的材料,如节能型门窗、保温墙板等,可以有效减少能源消耗,提高建筑的能效水平。

第三节　维护与更新对智能绿色建筑性能的影响

一、维护对性能的影响

(一)确保系统稳定性

智能绿色建筑的智能化系统作为核心架构,涵盖自动控制系统与能源管理系统等关键模块,其运行稳定性对建筑整体性能具有决定性影响。在系统持续运行过程中,潜在故障如传感器灵敏度衰减、控制算法逻辑偏差等,可能逐步累积并引发系统效能下降。通过构建周期性维护机制,可基于多层级监测体系对系统状态进行实时评估,采用故障诊断模型与异常检测算法,精准定位传感器失效、执行机构卡顿以及控制策略失配等潜在问题,实现故障的早期预警与及时修复。维护过程不仅包含硬件设备的检修与更换,更涉及软件系统的优化升级。通过引入先进控制理论,如模型预测控制与自适应控制算法,可对系统控制逻辑进行动态调整,优化参数整定策略,显著提升系统响应速度与指令执行精度。这种预防性维护策略通过消除系统性能瓶颈,可有效提升建筑环境控制的稳定性与能源管理的效率。具体而言,通过优化传感器网络布局与数据融合算法,可提高环境参数监测的时空分辨率;通过改进控制策略与设备联动机制,可提升系统对动态负荷的适应性调节能力。

(二)延长设备使用寿命

智能绿色建筑中的关键设备,包括空调机组、照明系统及能源监测终端等,均存在特定的服役周期与性能衰减规律。基于可靠性工程与设备全寿命周期管理理论,实施周期性维护策略可显著延缓设备老化进程。通过构建多维度状态监测体系,采用振动分析、红外热成像及电气参数检测等无损检测技术,能够精准识别过滤网堵塞、绝缘材料老化及机械部件磨损等早期劣化征兆。在此基础上,实施针对性维护措施,如定期清洗空气过滤装置、更换高耗能电机及修复腐蚀电气连接等,可有效恢复设备设计性能。从经济维度分析,设备寿命延长直接降低了全生命周期内的置换频次与资本性支出,同时减少了因突发性故障导致的非计划停机损失。从系统效能层面考量,设备可靠性提升可提高建筑环境控制精度与能源管理效率,避免因关键设备失效引发的室内环境质量恶化及能耗激增。基于设备健康度评估模型与剩余寿命预测算法,可动态优化维护周期与内容,实现维护资源的精准配置。通过引入智能诊断系统与远程运维平台,维护决策过程可融合实时运行数据与历史故障记录,形成数据驱动的维护策略优化机制。

(三)提升能源利用效率

能源管理作为智能绿色建筑的核心功能模块,依托智能化系统实现能源流的全局优化与动态调控。然而,在长期运行过程中,受设备性能衰减与控制算法迭代滞后等因素影响,能源管理系统的能效水平可能出现渐进性退化。通过实施系统性维护策略,可基于多源数据融合分析与模型预测技术,对能源管理系统进行深度优化。在硬件层面,采用高精度校准设备对传感器网络进行周期性检定,修正测量误差并补偿温漂影响;对执行机构进行动态特性测试与参数整定,恢复其快速响应能力。在软件层面,引入基于机器学习的自适应控制算法,构建建筑能耗模式识别模型,实现控制策略与实时负荷特性的动态匹配;通过数字孪生技术建立系统仿真平台,对优化方案进行虚拟验证与效能评估。这种维护机制通过消除系统性能瓶颈,可显著提升能源管理的精细化水平。具体而言,优化后的控制策略能够更精准地调节设备运行参数,减少能源供需波动;校准后的传感器网络可提升数据采集质量,为能效分析提供可靠依据;升级后的执行机构能提升系统对动态负荷的响应能力,降低调节滞后带来的能源浪费。

(四)保障室内环境质量

智能绿色建筑通过集成化智能系统实现室内环境参数的多维度精准调控,其目标在于维持热湿环境稳定性与空气品质的动态平衡。然而,系统运维管理缺失可能导致环境控制效能衰减,具体表现为空气污染物浓度异常累积、温湿度场分布偏离设计阈值等现象。此类环境劣化不仅影响建筑使用者的热舒适体验,更可能诱发呼吸道疾病等健康风险。周期性维护策略通过构建预防性运维体系,可有效保障环境控制系统的可靠运行。基于故障模式与影响分析方法,对传感器网络、执行机构及控制算法实施分层级诊断,采用在线监测与离线检测相结合的手段,精准识别信号漂移、响应滞后及逻辑错误等潜在故障。维护过程需重点关注环境控制回路的动态特性,运用系统辨识技术建立温湿度耦合模型,优化 PID 控制参数以提升调节精度。同时,结合建筑运行大数据开展空气质量预测分析,动态调整新风量与净化设备运行策略。

二、更新对性能的影响

(一)引入新技术提升建筑性能

技术迭代驱动下的智能绿色建筑性能提升路径,依赖于前沿智能化技术与绿色技术的持续融合。在技术演进层面,新型能源管理架构通过集成分布式能源优化算法与需求响应机制,可构建动态能源分配模型。其技术内核在于采用模型预测控制策略,结合建筑热工特性与实时负荷数据,优化冷热源系统运行参数,提升能源供需匹配精度。材料科学突破催生的新型建筑围护体系,通过纳米孔结构设计与相变材料复合技术,降低墙体传热系数。这种被动式节能技术通过减少围护结构热损失,显著降低空调系统运行负荷,形成建筑本体节能与设备能效提升的协同效应。智能化系统升级聚焦于多物理场耦合环境控制,基于深度强化学习算法构建自适应控制框架,可实时解析温湿度、CO_2 浓度及 PM2.5 等多维度环境参数,实现室内环境品质的动态优化。通过部署分布式传感器网络与边缘计算节点,系统响应时间缩短至毫秒级,显著提升建筑使用者的热舒适体验与健康保障水平。技术更新过程需建立全寿命周期评估体系,采用生命周期成本分析(LCCA)方法量化技术升级的投入产出比,确保技术迭代的经济可行性。

(二)适应变化的使用需求

建筑功能需求具有显著的动态演化特性,其演变轨迹受社会生产模式转型与居住文化变迁的双重驱动。在办公建筑领域,随着分布式办公与敏捷工作制的兴起,空间布局需适配模块化协作与远程交互需求,传统封闭式办公单元逐渐向开放式、可重构空间形态转变。住宅建筑则面临智能化生活场景渗透带来的功能升级压力,要求建筑系统具备设备互联、场景自适应及能源自管理等能力,以满足居民对居住品质与能效优化的双重诉求。通过实施功能适应性改造工程,可构建建筑性能与需求演变的动态匹配机制。在技术层面,采用装配式建造技术实现空间分隔系统的快速重构,结合模块化家具系统提升空间使用灵活性;集成建筑信息模型与物联网技术,构建建筑设备全生命周期管理平台,支持智能家居系统的无缝接入与功能扩展。在策略层面,建立需求预测模型,基于社会经济指标与行为数据分析预判功能需求演变趋势,制定前瞻性改造方案。这种适应性更新策略通过解耦建筑实体与功能需求的绑定关系,显著增强建筑资产的使用价值。

(三)提升建筑的安全性和可靠性

智能绿色建筑的安全韧性与运行可靠性构成其性能评价的核心维度,其技术升级路径聚焦于安全防护体系与结构抗灾能力的协同强化。在安全技术领域,新一代智能安防系统通过集成多光谱生物特征识别算法与三维空间定位技术,构建具备环境自适应能力的主动防御网络显著提升非法入侵行为的早期预警能力。消防设施升级则采用基于物联网的联动控制架构,通过分布式传感器网络与智能决策算法,实现火灾探测、报警及灭火系统的毫秒级响应。结构可靠性提升方面,基于性能化抗震设计理念,采用形状记忆合金阻尼器与碳纤维增强复合材料加固技术,可增强建筑结构的能量耗散能力与延性性能。通过有限元分析与振动台试验验证,改造后建筑在罕遇地震作用下的层间位移降低。抗风性能优化则运用计算流体力学模拟技术,优化建筑外形设计与气动控制措施,使风致响应降低,确保极端气候条件下的运行稳定性。技术更新过程需建立全系统风险评估模型,采用概率分析方法量化安全性能提升效果,并通过数字孪生平台进行方案验证。

(四)促进建筑业的可持续发展

智能绿色建筑的可持续发展目标需通过技术迭代与理念革新实现动态演进。在技术集成层面,新型可再生能源系统采用光伏建筑一体化技术与垂直轴风力发电装置,构建分布式能源网络,其年发电量可满足建筑基础负荷。通过智能微电网调控技术,实现光伏、风电与储能系统的协同优化。水资源循环利用体系通过模块化雨水收集装置与膜生物反应器处理技术,构建中水回用系统。该系统采用多级过滤与紫外线消毒工艺,出水水质达到《城市污水再生利用城市杂用水水质》标准。同时,结合海绵城市设计理念,优化建筑场地雨水渗透与蓄滞能力,降低城市内涝风险。绿色设计范式转型聚焦于全寿命周期碳减排,运用建筑信息模型与生命周期评价工具,量化材料生产、施工建造及运行维护阶段的隐含碳排放。通过采用再生混凝土、竹木结构等低碳建材,结合被动式节能技术,使建筑本体节能率提升。空间布局优化则基于环境行为学理论,构建促进自然通风与日光利用的建筑形态,减少人工照明与空调能耗。

第十一章　智能建筑与绿色建筑的综合效益评估

第一节　综合效益评估的意义与原则

一、意义

(一)环境效益评估的意义

1. 节约资源

智能绿色建筑凭借高效的能源管理系统与水资源循环利用系统等先进技术,有效实现了能源与水资源的显著节约。为了深入探究这一节约效果,综合效益评估体系应运而生,它能够对建筑在能源和水资源使用上的减少程度进行细致的量化分析。具体而言,针对智能照明系统及空调系统这类能耗大户,评估体系通过科学的方法论,能够精确估算出其在节能措施实施前后的能耗差异,从而准确量化建筑能耗的降低量。这一数据不仅揭示了节能技术的实际效果,也为后续的能源规划及资源合理配置提供了坚实的科学依据。同时,在水资源管理方面,评估体系同样发挥着重要作用。通过对雨水收集利用系统、中水回用系统等水资源循环利用设施的综合评估,可以系统性地了解建筑内部水资源的循环利用率及再利用效率。这一评估过程不仅有助于揭示水资源循环利用的潜力,还进一步促进了水资源的可持续利用,为构建节水型社会贡献了力量。

2. 保护环境

智能绿色建筑在减缓环境污染方面扮演着至关重要的角色,其环境效益的评估是衡量建筑对环境保护贡献的重要手段。具体而言,针对建筑在减少温室气体排放、降低空气及水污染等方面的表现,评估体系能够提供量化的分析结果。通过细致评估建筑所采纳的可再生能源利用技术,可以科学推算出该技术替代化石能源所减少的消耗量,进而估算出相应的 CO_2 减排量,这对于评估建筑在减缓全球气候变化方面的作用具有重要意义。此外,对于那些在建筑过程中采用绿色建材及环保施工工艺的智能绿色建筑,评估体系同样能够揭示其在减少建筑废弃物生成及有害物质排放方面的显著成效。绿色建材的应用不仅降低了建筑生命周期中的环境负荷,还促进了资源的循环利用;而环保施工工艺则减少了施工过程中的污染排放,保护了周边的生态环境。通过这样的系统评估,不仅可以客观展现智能绿色建筑在环境保护方面的实际贡献,还能为建筑行业的绿色转型提供有力的数据支撑和决策依据。这不仅有助于推动建筑行业向更加环保、可持续的方向发展,还对于保护生态环境、实现人与自然和谐共生具有深远的意义。

3. 维护生态平衡

智能绿色建筑在设计理念上强调与周边生态环境的和谐融合,通过精心规划的建筑布局与科学的绿化设计策略,致力于维护并促进生态平衡。为了深入探究建筑对周边生态系统的影响,综合效益评估体系被引入,以全面分析建筑在生态环境保护方面的作用与效果。该评估体系着重考察建筑绿化在改善空气质量、调节局部微气候以及保护生物多样性等方面的功能。通过科学的方法论,评估能够量化绿化植被对空气中有害物质的吸收能力,以及其对温度、湿度等微气候参数的调节作用,从而揭示建筑绿化对提升居住环境质量的贡献。同时,评估还关注建筑对周边生物多样性的保护效果,包括为野生动植物提供栖息地、促进物种多样性等。这些评估结果不仅为建筑设计提供了宝贵的反馈信息,还指导着建筑设计的进一步优化,以增强其对生态环境的积极影响。通过综合效益评估的指引,智能绿色建筑的设计与实践能够更加精准地对接生态环境保护的需求,促进人与自然的和谐共生。这不仅体现了建筑行业的可持续发展理念,也为构建生态文明、推动绿色发展提供了有力的支撑。

(二)经济效益评估的意义

1. 节约成本

智能绿色建筑在初期建设阶段可能面临较高的成本投入,然而,从建筑的全寿命周期视角审视,其运营与维护阶段的成本往往表现出较低的特性。为了全面剖析这一经济特性,综合效益评估体系被应用于建筑的成本分析中,旨在综合考量建筑的建设成本、运营成本以及维护成本,进而计算出建筑的全寿命周期成本。通过与传统建筑进行对比分析,综合效益评估能够直观展现智能绿色建筑在成本节约方面的显著优势。具体而言,评估体系会细致考察智能建筑的节能措施,通过科学方法估算这些措施在能源使用上所带来的费用节省。同时,对于智能化管理系统的应用,评估也会量化其在减少人工成本、提高管理效率方面的经济效益。此外,综合效益评估还会综合考虑建筑在维护阶段的成本支出,包括设备更换、维修保养等费用,以全面反映智能绿色建筑在全寿命周期内的经济表现。

2. 提升资产价值

智能绿色建筑在市场中展现出广阔的前景,并具备显著的资产价值提升潜力。为了深入剖析其经济效益,需对建筑的市场竞争力、租金或售价水平等关键因素进行综合分析。智能绿色建筑凭借其高效的能源管理系统和舒适的室内环境等独特优势,在市场上往往更受租户和购房者的青睐。这类建筑通过采用先进技术,有效降低了能源消耗,提升了居住和工作环境的品质,从而增强了其市场竞争力。租户和购房者愿意为这些优势支付更高的租金或售价,体现了市场对智能绿色建筑的认可和需求。通过系统的评估,可以量化智能绿色建筑在资产增值方面的具体作用。评估过程不仅考虑了建筑本身的物理特性和技术优势,还结合了市场动态和消费者偏好等多方面因素,以全面反映建筑的经济价值。此外,智能绿色建筑的经济效益评估还为房地产市场的健康发展提供了重要参考。评估结果有助于投资者和开发商更准确地判断市场趋势,做出科学的投资决策。同时,评估也促进了智能绿色建筑技术的推广和应用。

3. 产业带动效应

智能绿色建筑的兴起与发展,对诸多相关产业产生了显著的拉动效应,其中智能化设备制造业、绿色建材产业以及节能服务业等尤为突出。为了全面衡量这一新兴建筑模式对经济增长的贡献,综合效益评估成为一项重要工具,它能够深入分析智能绿色建筑对相关产业的促进作用。具体而言,智能建筑项目对智能化设备的需求日益增长,这一趋势直接带动了相关制造企业的生产扩张与技术创新。通过评估智能建筑对各类智能化系统的集成与应用,可以揭示出其对设备制造业的具体拉动作用,进而促进该产业的持续发展。同时,绿色建材在智能建筑中的广泛应用,也为绿色建材产业带来了新的发展机遇。评估绿色建材在智能建筑中的使用效果与市场需求,不仅能够推动绿色建材产业的创新与升级,还有助于促进产业结构的优化调整,引导资源向更加环保、可持续的方向流动。

(三)社会效益评估的意义

1. 改善居住品质

智能绿色建筑凭借其提供的优越室内环境与便捷的智能化服务,显著提升了居住者的生活品质。为了全面评估这一提升效果，综合效益评估体系被引入，该体系围绕室内空气质量、温度湿度控制、噪声水平以及智能化设施的使用体验等关键维度展开深入分析。具体而言，评估关注室内空气质量是否达到健康标准，温度湿度控制是否适宜居住，噪声水平是否处于舒适范围，以及智能化设施的操作便捷性、响应速度和使用效果等。通过这些细致入微的评估指标，可以全面了解居住者对建筑环境的满意度情况。评估结果不仅反映了智能绿色建筑在提升居住品质方面的实际成效，还为建筑设计和运营管理提供了宝贵的改进方向。针对评估中发现的不足之处，设计者可以进一步优化建筑设计，提升室内环境的舒适度；运营管理者则可以调整管理策略，加强设施维护，确保智能化服务的顺畅运行。

2. 健康影响评估

智能绿色建筑的室内环境品质与智能化设施配置，对居住者的健康状况产生着至关重要的影响。为了深入探究建筑在促进居住者身体健康方面的作用，社会效益评估成为一项必要的分析手段。评估过程中，重点考察建筑良好的通风系统与自然采光设计对减少呼吸道疾病发生率的积极影响。通过科学的分析方法，可以揭示出优化通风与采光如何有效改善室内空气质量，进而降低居住者患呼吸道疾病的风险。同时，智能化健康监测系统的应用也是评估的重要一环。该系统能够实时监测居住者的生理指标，及时发现并预警潜在的健康问题，为居住者提供及时的医疗干预和健康管理建议。通过全面的社会效益评估，不仅可以量化智能绿色建筑在促进居住者健康方面的具体成效，还能为建筑设计和运营管理提供有针对性的改进建议。优化建筑设计，如调整通风布局、增加自然采光面积；加强智能化设施的管理与维护，确保健康监测系统的准确性与可靠性，从而营造出更加健康、舒适的居住环境。

3. 发挥社会示范作用

智能绿色建筑作为可持续发展领域的杰出代表，其存在本身即彰显了一种重要的社会示范效应。为了深入剖析其在推动社会绿色发展、增强公众环保意识方面所发挥的作用，进行社会效益评估显得尤为必要。评估过程聚焦于智能绿色建筑如何以其独特的环保设计和智能化管理，成为引领社会绿色发展的先锋。通过细致分析，可以揭示出这类建筑在节能减排、资源循环利用等方面的显著成效，以及它们如何通过这些实践，向社会各界传递绿色发展的理念。宣传和推广智能绿色建筑的典范案例，成为推动社会绿色意识提升的有效途径。这种宣传不仅限于建筑本身的技术和创新，更在于其背后所蕴含的绿色生活哲学和可持续发展理念。通过广泛的传播，可以引导社会公众逐渐树立起绿色生活的观念,将环保融入日常生活的点点滴滴。

二、评估原则

(一)科学性原则

1. 指标选取合理性

评估智能绿色建筑的综合效益,需依托科学的理论框架与方法论,确保所选指标能够精准、全面地映射出建筑的多维度价值。指标体系的构建应注重指标的代表性、独立性及可操作性,以全面覆盖环境、经济、社会等关键领域。在环境效益的评估维度,应遴选如能源消耗强度、水资源利用效率及温室气体排放量等核心指标,以量化建筑在资源节约与环境保护方面的绩效。经济效益评估则需关注全寿命周期成本、资产增值率等指标,以衡量建筑在经济可行性及长期投资价值上的表现。至于社会效益评估,应选取居住者满意度、健康影响等指标,以评估建筑对居住者生活品质及健康状况的正面影响。这些指标的设定,需严格参照相关行业标准与规范,确保评估过程的科学严谨性及结果的可靠有效性。

2. 数据采集的准确性

科学评估的基石在于准确的数据获取。在评估实践中,必须采用严谨的数据采集方法论,以确保所获取数据的真实性、精确性与完备性。数据采集途径应多元化,涵盖实地监测、问卷调查及文献调研等多种手段。针对能源消耗等关键量化指标,可通过部署智能电表、水表等先进监测设备,实现实时、精准的数据捕捉。此举不仅能有效追踪能源使用动态,还为后续分析提供了翔实的数据基础。而对于居住者满意度等主观感受类指标,则需设计结构合理、问题明确的调查问卷,以系统收集居住者的反馈意见。问卷设计应兼顾全面性与针对性,确保能够准确反映居住者的真实感受。同时,为确保数据质量,应构建一套完善的数据质量控制体系。该体系应包括对采集数据的严格审核流程,以及针对异常数据或潜在误差的验证机制。通过实施这一体系,可以有效剔除不准确或误导性的数据点,从而保障评估结果的准确性与可靠性。

3. 分析方法的科学性

在评估智能绿色建筑的综合效益时,应依托科学的分析方法对采集的数据进行系统性处理与深入剖析。这要求运用一系列严谨的分析工具,如统计学方法、数学模型以及系统分析等,以挖掘数据背后隐藏的规律与有价值的信息。具体而言,层次分析法(AHP)可作为一种有效手段,用于确定各评估指标的相对重要性或权重,确保评估体系的构建既全面又具针对性。同时,模糊综合评价方法能够处理评估过程中的不确定性和模糊性,为智能绿色建筑的综合效益提供一个更为准确、全面的评价结果。在选择分析方法时,需充分考虑评估对象的特性和实际情境,确保所选方法既科学又合理。这要求评估者具备深厚的专业知识,能够准确判断何种方法最适合于特定的评估场景,以保证评估结果的准确性和可信度。

(二) 系统性原则

1. 整体视角评估

智能绿色建筑是一个高度复杂的系统,其内涵涵盖了建筑本体、能源系统、水资源系统以及智能化系统等诸多层面。在进行综合效益评估时,必须从整体性的视角切入,全面审视并考量各个子系统之间的内在联系与协同效应。具体而言,在能源效益的评估维度上,不应仅仅局限于建筑设备的节能性能表现,更应深入探究能源管理系统与智能化系统的协同优化机制。这要求评估者关注能源使用的智能化调控、能源效率的动态监测以及能源分配的智能化策略,以全面把握能源效益的提升路径。同时,在环境效益的评估过程中,需综合考虑建筑对周边生态环境的潜在影响,以及建筑与周边环境的和谐融合程度。这包括建筑对自然景观的尊重与保护、对生态平衡的维护与促进,以及建筑在设计与施工过程中所采取的环保措施等。

2. 全寿命周期考虑

智能绿色建筑的综合效益评估需贯穿其整个全寿命周期,涵盖规划、设计、施工、运营直至拆除等各个关键阶段。鉴于不同阶段所展现的效益特性及影响因素存在差异,评估过程必须充分考虑并适应这些阶段性特点。在规划阶段,评估应聚焦于建筑选址的合理性及其对周边环境和交通系统的影响,确保建筑与自然环境的和谐共生及交通的便捷性。设计阶段则需深入评估建筑方案的节能与节水性能,通过优化设计方案,提升建筑的资源利用效率。进入施工阶段,评估应关注施工过程的环保措施及资源消耗情况,确保建筑在建造过程中对环境的影响降至最低。而运营阶段则是评估的重点,需全面监测建筑的能源消耗、室内环境质量及智能化系统的运行效率,以实时掌握建筑的实际性能。拆除阶段的评估同样不可忽视,应考量建筑拆除过程中的废物处理及资源回收利用率,确保建筑在全寿命周期的终点也能实现环保与可持续。

3. 多领域协同

智能绿色建筑的综合效益评估是一项跨学科的复杂任务,它涵盖了建筑、能源、环境、经济、社会等多个专业领域。在评估过程中,强化各领域间的协同合作显得尤为重要,以充分发掘并整合各学科的专业优势。建筑领域的专家能够提供关于建筑设计理念、施工技术及材料选择等方面的深入见解,为评估提供建筑本体的基础信息。能源领域的专家则专注于能源系统的效率评估与可持续性分析,确保建筑在能源利用方面达到最优状态。环境领域的专家则负责分析建筑对周边生态环境的影响,包括空气质量、水资源保护及生态平衡等方面,确保建筑与环境和谐共生。同时,经济和社会领域的专家也将发挥其专业作用,分别评估建筑的经济效益及对社会的影响。

(三)动态性原则

1. 效益变化跟踪

智能绿色建筑的综合效益并非静态不变,而是受到时间推移、技术进步及政策环境等多重因素的动态影响。因此,建立一种有效的动态跟踪机制对于及时监测和评估其效益变化至关重要。随着智能化技术的持续演进,智能绿色建筑的智能化水平有望不断提升。这一进程将直接促进能源管理的精细化与运营效率的显著优化,从而为建筑带来更为显著的综合效益。同时,环保政策的调整与更新也可能对建筑的环境效益评估标准产生重要影响,要求评估工作必须与时俱进,适应新的政策导向。动态跟踪机制的建立,旨在实时捕捉并分析这些变化因素对智能绿色建筑综合效益的影响。通过持续监测和定期评估,可以及时发现效益的变化趋势,为相关决策提供科学依据。这一机制不仅有助于确保评估结果的时效性和准确性,还能够为智能绿色建筑的持续优化与改进提供有力支撑。

2. 评估周期合理

智能绿色建筑的综合效益评估周期需依据其独特属性及评估目标来科学设定。评估周期的选择至关重要,过长可能导致效益变化无法及时捕捉,过短则可能增添不必要的评估成本与工作负担。针对已处于运营阶段的智能绿色建筑,考虑到其效益表现的相对稳定性和可预测性,建议采取年度或双年度评估周期,以定期审视其综合效益的变化趋势。这样的安排既能确保评估的时效性,又能合理控制评估成本。对于新建成的智能绿色建筑,其初期效益表现可能较为波动,且需经过一段时间的运营验证。因此,建议在建设完成后的一定时期内进行首次综合效益评估,以基准化其初始性能。随后,在运营过程中,应设定合理的跟踪评估周期,持续监测其效益变化,及时调整优化策略。

3. 适应性调整

智能绿色建筑的综合评估方法与指标体系需具备相应的适应性,以应对实际情境中的多变性与复杂性。随着该领域技术的持续进步及评估实践的不断积累,对评估方法与指标进行适时的优化调整显得尤为重要。具体而言,当智能化技术领域涌现出新成果,或环保标准发生更新时,评估指标体系应迅速响应,将这些新元素纳入考量范畴,以确保评估的全面性与前瞻性。同时,在评估实践中,若发现某些指标存在不合理性或操作上的不可行性,亦需及时对其进行修正或替换,以维护评估体系的科学性与实用性。这种适应性调整的过程,是确保智能绿色建筑综合评估工作科学性与有效性的关键。它要求评估者保持对新技术、新标准的敏锐洞察力,以及对评估指标体系的持续审视与优化能力。

(四)可操作性原则

1.指标量化可行

智能绿色建筑的评估指标体系应注重量化原则,以便于数据的系统采集与深入分析。量化指标作为评估的基础,能够直观展现建筑的综合效益状况,有效提升评估结果的精确度与可对比性。具体而言,在能源消耗方面,应设定具体的量化指标,如通过实际的能源消耗量来直接衡量建筑的能效水平。对于居住者满意度等主观感受类指标,则需设计具有量化特性的调查问卷,通过统计分析问卷结果来客观反映居住者的满意程度。同时,面对部分难以直接量化的评估指标,如建筑设计的创新性或环境融合度等,应采用定性描述与专家打分相结合的方式进行处理。在此过程中,需确保定性描述的准确性与专家打分的客观性,以维护评估结果的整体可靠性与公信力。

2.数据获取便利

智能绿色建筑评估数据的获取过程需注重效率与成本效益,力求便捷高效,避免不必要的时间与资源耗费。在数据采集环节,应充分挖掘并利用现有数据源头的潜力,诸如建筑管理系统、能源监测系统以及环境监测站等,这些系统或站点已积累了大量宝贵数据,可为评估工作提供有力支撑。为进一步提升数据获取的便利性与效率,应着手建立数据共享机制,促进不同部门之间的数据流通与合作。具体而言,建筑管理部门可负责提供建筑的基本信息及其运营数据,能源部门则负责提供能源供应与消费的相关数据,而环保部门则可提供环境质量监测数据。通过构建这样的数据共享框架,不仅能够实现数据资源的有效整合与利用,还能显著提高评估工作的效率与质量。各部门间的数据交流与合作,将使得评估数据更加全面、准确,进而为智能绿色建筑的性能评估、优化策略制定以及决策支持提供更为坚实的数据基础。

第二节　环境效益评估方法

一、生命周期评估法

生命周期评价（LCA）作为一种系统性分析工具，能够量化产品或服务在全生命周期阶段的环境负荷特征。针对智能绿色建筑领域，该方法通过构建涵盖原材料开采、构件预制、施工建造、运营维护及拆除回收的完整时间链条，系统解析建筑系统在不同阶段对资源消耗和环境排放的累积效应。其评估范畴包括能源投入产出效率、温室气体排放强度、水资源代谢特征以及固体废弃物产生规律等关键环境绩效指标，从而揭示建筑全生命周期的环境影响机理。在实施方法论层面，LCA采用混合评估范式实现定量分析与定性判断的有机整合。定量评估模块通过构建动态物质流分析模型和过程生命周期清单数据库，结合输入输出分析法对建筑材料生产能耗、运输碳足迹、设备运行能效等参数进行精确核算。这种二元耦合评估模式通过三角验证机制，有效弥合了单一方法论的局限性。定量数据为环境影响提供可测度的物理证据，定性分析则捕捉难以量化的生态系统服务价值和社会文化影响。两者协同作用形成的综合评估结论，不仅为智能绿色建筑的生态效率优化提供基准参照，更为建筑可持续性认证体系提供方法学支撑，推动建筑行业向全生命周期环境绩效最优化方向演进。

二、能源模拟分析法

能源模拟分析技术作为建筑性能评估的核心工具，通过构建动态热工模型量化建筑系统在不同气候情境下的能源需求特征。针对智能绿色建筑领域，该技术采用多尺度时空耦合模拟方法，系统解析建筑本体在采暖、制冷、照明及通风等终端用能环节的动态能耗模式。其分析范畴涵盖典型气象年数据驱动下的实时能耗模拟、围护结构热工性能与设备系统能效的协同优化，以及可再生能源利用系统与建筑负荷的匹配机制，从而揭示建筑能源系统的复杂交互效应与节能潜力分布。在实施方法论层面，该技术依托经过验证的数值模拟平台，这些工具通过集成建筑信息模型数据、气象数据库及设备性能参数，采用状态空间法或节点分析法求解建筑热湿传递方程。模拟过程需建立包含围护结构传热系数、设备能效比、人员行为模式等关键输入参数的敏感性分析框架，确保模拟结果的鲁棒性与可靠性。该分析范式通过量化建筑能耗强度目标与一次能源转换效率，为智能绿色建筑的能效优化提供基准参照。

输出结果不仅包含分项能耗清单与峰值负荷特征,还通过参数化分析生成围护结构改造、设备系统升级及运行策略调整的优化方案矩阵。这种基于数字孪生的能源性能评估方法,为建筑设计师、设备工程师及运营管理者提供了多维决策支持,推动智能绿色建筑从被动式节能向主动式能源管理转型。

三、环境监测与评价法

环境监测与评估技术作为建筑性能验证的重要手段,通过量化建筑内部环境参数评估其对人体健康与热舒适的综合影响。针对智能绿色建筑领域,该技术体系采用多参数协同监测方法,系统解析室内空气质量指标、热湿环境参数、声环境特性及光环境参数的时空分布特征。其评估范畴涵盖环境参数与人体生理响应的剂量—效应关系、建筑系统调控策略对室内环境品质的改善效果,以及不同功能空间的环境质量差异,从而揭示智能绿色建筑在健康舒适维度上的实际性能表现。在实施方法论层面,该技术依托校准后的高精度监测设备构建分布式传感网络,包括激光散射颗粒物监测仪、红外热成像仪、声级计及光谱照度计等专业仪器。该评估范式通过量化环境品质指标与人体主观感受的关联性,为智能绿色建筑的性能优化提供数据支撑。输出结果不仅揭示室内环境质量的现存问题,还通过敏感性分析确定关键影响因子,指导建筑围护结构改造、通风系统优化及照明控制策略调整。

四、智能化技术应用评估方法

智能化技术效能评估方法作为建筑性能验证的重要分支,通过解析建筑内部智能化系统的部署水平与运行效能,揭示其在能源效率提升、运维管理优化等维度的实际贡献。针对智能绿色建筑领域,该评估体系聚焦智能照明控制、热环境自适应调节、安防监控网络及能源管理中枢等核心系统的技术实现度与功能完整性,系统评估其算法优化能力、设备联动机制及数据交互效率。评估范畴涵盖智能化系统对建筑负荷的动态响应特性、系统间协同工作的冗余度与可靠性,以及用户交互界面的友好性特征,从而解析智能技术集群对建筑性能提升的作用机理。在实施方法论层面,该评估框架采用混合验证范式构建多维评价体系。通过专家德尔菲法组织跨领域学者开展技术成熟度评价,结合利益相关者问卷调查量化用户满意度指标,形成主观价值判断矩阵。同步实施系统级黑箱测试与白箱验证,采用协议分析仪捕获设备通信数据包,运用模拟仿真平台验证控制算法的有效性,通过长时间序列数据采集分析系统稳定性。主客观评估结果经贝叶斯网络模型进行数据融合,生成包含技术实现度评分、能效提升指数及管理优化建议的综合评估报告。

第三节　经济效益评估方法

一、全生命周期成本分析法

全生命周期成本分析(LCCA)作为一种极具价值的评估工具,在建筑领域尤其是智能绿色建筑经济效益评估中发挥着关键作用。其核心要义在于对建筑全生命周期内产生的各类成本进行全面考量,涵盖初始投资成本、运营过程中的成本支出、维护成本以及拆除成本等多个维度。在智能绿色建筑经济效益评估的语境下,LCCA 模型展现出独特的优势。它能够为决策者构建一个全面且细致的经济表现视图,使决策者深入了解建筑从规划到拆除整个生命周期内的经济动态。通过这种全面洞察,决策者能够摆脱单一阶段成本考量的局限,从而做出更具科学性和前瞻性的决策。

具体而言,运用 LCCA 模型对智能绿色建筑与传统建筑进行对比分析,而这种对比并非局限于某一阶段的成本差异,而是着眼于全生命周期的成本累积效应。通过对比,可以明确智能绿色建筑在节能、节水、提高空间利用率等方面所带来的长期经济收益,以及这些收益如何抵消其可能较高的初始投资成本。此外,LCCA 模型还具备深入挖掘成本构成和节约潜力的能力。在智能绿色建筑的不同阶段,如设计阶段、建造阶段和运营阶段,成本构成呈现出不同的特点。在设计阶段,合理的规划和布局能够降低后续的运营和维护成本;建造阶段采用先进的施工技术和材料,有助于增强建筑的耐久性和节能性,从而减少长期运营成本;运营阶段通过智能化的管理系统,能够实现能源的高效利用和设备的精准维护,进一步降低成本。

二、净现值分析法

净现值分析(NPV)作为一种经典且有效的投资决策手段,在评估项目经济可行性方面发挥着关键作用。其核心原理在于对项目全生命周期内的净收益现值进行精确计算,以此判断项目在经济层面的合理性与可行性。在智能绿色建筑经济效益评估的特定情境下,NPV 模型展现出独特的价值。它能够为决策者提供一种量化分析工具,使其能够精准衡量智能绿色建筑在不同条件下所带来的经济收益。通过这种量化分析,决策者可以摆脱主观臆断和经验主义的束缚,从而做出更具科学性和前瞻性的投资决策。在具体应用 NPV 模型时,确定适当的折现率是至关重要的步骤。折现率的选择直接影响净收益现值的计算结果,进而影响对项目经济可行性的判断。

将智能绿色建筑的净现值与传统建筑进行对比,能够清晰地展现智能绿色建筑在经济效益方面的优势。这种对比不仅有助于决策者直观地了解智能绿色建筑的经济价值,还能为其在投资决策中提供有力的参考依据。若智能绿色建筑的净现值高于传统建筑,则表明其在经济层面具有更强的可行性和吸引力。此外,为了进一步增强投资决策的科学性和全面性,还可以采用敏感性分析等方法。通过探讨不同参数(如折现率、能源价格等)对净现值的影响,决策者可以深入了解项目经济可行性的敏感因素,从而制定更加稳健的投资策略。

三、内部收益率分析法

内部收益率分析(IRR)作为投资决策领域的关键指标,能够精准反映项目投资的内在盈利能力,为投资者评估项目价值提供了重要依据。在智能绿色建筑经济效益评估的特定范畴内,IRR 模型发挥着不可替代的作用,有助于决策者深入洞察智能绿色建筑投资的盈利潜力,进而判断其投资可行性。在实际应用 IRR 模型时,需对智能绿色建筑全生命周期内的内部收益率进行精确计算。这一计算过程需综合考虑项目的初始投资、各阶段的现金流入与流出等因素,通过特定的数学方法和算法得出内部收益率的数值。

若智能绿色建筑的内部收益率高于基准收益率,则意味着该项目在经济效益层面具备盈利能力,能够为投资者带来超出预期的回报,从而表明该项目值得投资。反之,若内部收益率低于基准收益率,则提示项目可能无法达到投资者的盈利要求,投资决策需谨慎考量。为进一步增强投资决策的科学性和全面性,可借助敏感性分析等方法。通过探讨不同参数,如初始投资规模、运营成本、能源价格等对内部收益率的影响,决策者能够深入了解项目盈利能力的敏感因素。这种分析有助于识别出哪些因素的变化会对项目盈利能力产生显著影响,从而在投资决策中给予重点关注和合理预测。敏感性分析还能够为决策者提供在不同情境下的投资决策参考。

第四节　社会效益评估方法

一、模糊综合评价方法

模糊综合评价方法,作为一种根植于模糊数学理论的综合评价技术,展现出了处理评估指标模糊性与不确定性的独特优势。在智能绿色建筑的社会效益评估领域,诸多关键指标,诸如居民生活的满意度水平、社区凝聚力的强度等,往往带有显著的模糊性特征,这些指标难以通过精确的数值进行直接量化与衡量。面对这一挑战,模糊综合评价方法提供了一种有效的解决方案。其核心在于,通过精心构建模糊评价矩阵,该矩阵能够细致地刻画出各评价指标所蕴含的模糊信息。同时,结合科学合理的权重确定方法,对不同指标在整体评价中的重要性进行恰当的赋值。这一过程中,模糊信息得以被系统地整合,并经过一系列数学运算,最终转化为一个综合性的评价结果。

模糊综合评价方法的运用,使得智能绿色建筑社会效益的评估不再局限于传统的精确数值分析框架。相反,它允许评估者充分考虑指标本身的模糊性质,以及这些模糊性质对整体评价结果可能产生的影响。通过模糊评价矩阵的构建,评估者能够以一种更加贴近实际、更加灵活的方式,对智能绿色建筑在提升居民生活质量、增强社区凝聚力等方面的社会效益进行全面而细致的评估。此外,权重的确定在模糊综合评价方法中占据着举足轻重的地位。它不仅要求评估者具备深厚的专业知识,还需要对智能绿色建筑的社会效益有深入的理解。通过科学合理的权重分配,可以确保各评价指标在整体评价中得到恰当的体现,从而进一步增强评价的准确性与可靠性。

二、结构方程模型

结构方程模型,作为一种高度综合性的多元统计方法,巧妙地融合了因素分析与路径分析的优势,为探究多个变量间复杂的因果关系及相互影响提供了强有力的手段。在社会科学及相关领域的研究中,该方法的应用日益广泛,尤其是在需要深入剖析变量间内在联系的场景下。智能绿色建筑的社会效益评估,正是一个涉及众多评估指标且指标间关系错综复杂的领域。这些评估指标,如环境可持续性、能源效率、居住舒适度及社区参与度等,不仅各自对智能绿色建筑的社会效益产生着重要影响,而且它们之间存在着千丝万缕的联系和相互作用。传统的单一指标评价或简单相关分析,往往难以全面、准确地揭示这些复杂的关系。

结构方程模型的应用,为智能绿色建筑社会效益的评估开辟了新的路径。该模型能够通过对潜在变量的设定和观测变量的选择,构建出一个反映各评估指标间因果关系和相互影响的结构框架。在这个框架内,不仅可以清晰地展示出各个指标之间的直接和间接效应,还可以通过路径系数的估计,量化这些效应的大小和方向。进一步地,结构方程模型还允许研究者对模型进行拟合优度检验,以评估模型与实际数据的契合程度。这一特性,使得结构方程模型在智能绿色建筑社会效益评估中,不仅能够揭示出各指标间的复杂关系,还能够对这些关系进行验证和修正,从而增强评估的准确性和可靠性。结构方程模型作为一种先进的多元统计方法,在智能绿色建筑社会效益评估中发挥着至关重要的作用。它不仅能够帮助研究者更深入地理解各评估指标间的因果关系和相互影响,还能够为智能绿色建筑的设计、建设和管理提供科学依据和决策支持。

三、社会网络分析法

社会网络分析法,作为一种深入探究社会结构与社会关系的有力工具,为理解复杂社会系统中各元素间的互动模式提供了独特视角。在智能绿色建筑的建设与运营这一特定领域,该方法展现出了其分析不同群体间社会关系对建筑社会效益影响的独特优势。智能绿色建筑的建设和运营过程,涉及居民、开发商、政府等多个群体,这些群体之间构成了错综复杂的社会关系网络。这些关系不仅体现在直接的利益交换和合作上,还隐含在信息共享、价值认同、行为影响等多个层面。传统的研究方法往往难以全面捕捉这些多维度的社会关系,以及它们如何共同作用于智能绿色建筑的社会效益。

社会网络分析法通过构建和分析社会网络模型,能够揭示这些群体间的关联结构、互动模式以及信息流动路径。在智能绿色建筑的社会效益评估中,该方法可以追踪社会效益在不同群体间的传播和扩散过程,识别出关键节点和影响因素。具体而言,它可以帮助我们理解居民如何通过社交网络传播对智能绿色建筑的正面评价,开发商如何通过行业网络推动技术创新和应用,以及政府如何通过政策网络引导和支持智能绿色建筑的发展。社会网络分析法还能够量化这些社会关系对智能绿色建筑社会效益的具体影响,如通过计算网络中心性、凝聚子群等指标,来评估不同群体在社会网络中的位置和角色,以及它们对智能绿色建筑社会效益的贡献程度。

第十二章　智能建筑与绿色建筑的新兴技术趋势

第一节　新兴技术趋势概述

一、高效节能材料与技术

(一)高性能隔热材料

在材料科学的持续进步与创新中,一系列新型高效隔热材料应运而生,展现了卓越的隔热性能与显著降低导热系数的特性。这些材料通过其独特的物理和化学结构,有效阻断了热量的传递路径,为降低建筑领域的能源消耗提供了新途径。相较于传统的保温材料,此类新型隔热材料在保温效能上实现了显著提升,其隔热机制更为高效,能够在同等条件下大幅减少热量流失。具体而言,这些材料通过精密的微观结构设计,如多层复合结构、纳米孔隙控制等,极大地提升了材料的绝热性能。它们不仅具备轻质、高强度的优点,还能够在极端温度环境下保持稳定的隔热效果,延长了建筑的使用寿命并提高了居住舒适度。此外,这些高性能隔热材料的应用范围广泛,不仅限于建筑墙体和屋顶,还拓展至门窗框体等易于散热的部位,实现了建筑整体的能效优化。值得注意的是,这些材料的研发与应用,遵循了绿色可持续发展的理念,不仅有助于减少能源消耗,还减少了温室气体排放,对环境保护具有积极意义。随着技术的不断成熟与成本的逐步降低,高性能隔热材料正逐渐成为建筑节能领域的主流选择,为推动绿色建筑和低碳城市发展贡献了重要力量。

(二)智能窗户技术

智能窗户技术作为建筑领域的一项创新,展现了根据环境参数自动调节透光与隔热性能的独特优势。该技术通过集成先进的感应与响应机制,使得窗户能够根据室内外光线强度的变化以及温度等环境因素,智能地调节其透光率和隔热性能。其中,电致变色玻璃是这一技术领域的典型代表,它利用电压的变化来驱动玻璃颜色的改变,从而实现透光率的精准调控。这种调节机制不仅满足了不同时间段对室内光照的需求,还有效控制了太阳辐射的进入,降低了室内过热的风险。热致变色玻璃则依据温度的变化自动调整其透光性能。在高温环境下,玻璃会呈现出较深的色调,有效阻挡热量传入,起着隔热和遮阳的双重作用;而在低温时,玻璃则保持较高的透光率,允许更多自然光进入室内,提升了室内的温暖感和舒适度。智能窗户技术的这些特性,不仅显著提高了建筑的节能性能,通过减少人工照明和空调系统的使用来降低能源消耗,还极大地提升了居住和工作环境的舒适度。此外,该技术的智能化特性也为建筑的智能化管理提供了有力支持,使得建筑能够更加灵活地适应不断变化的环境条件。

(三)高效空调与通风系统

传统空调与通风系统常面临能耗偏高及舒适度欠佳等挑战,而近年来兴起的高效空调与通风技术则有效应对了这些问题。这类系统通过集成先进的制冷制热设备,如变制冷剂流量(VRF)空调系统以及地源热泵系统等,实现了能源利用的高效化。VRF 空调系统以其灵活的制冷制热能力,根据实际需求调节制冷剂流量,从而优化了能源分配。地源热泵系统则巧妙地利用了地下土壤或水体的相对恒温特性,为建筑物提供了一种稳定且高效的冷热源。这一技术不仅减少了对外界能源的依赖,还显著降低了空调系统的能耗。此外,高效空调与通风系统还融入了智能通风控制技术,通过精确监测室内空气质量及温湿度等参数,自动调节通风速率,确保室内环境的热舒适度与空气质量达到最佳状态。这种智能化的调节方式不仅提升了居住者的舒适度,还有效避免了能源的无谓浪费。

二、绿色建材和循环利用技术

(一)绿色建材

绿色建材,作为一种环保与可持续性发展的建筑材料选择,其核心理念在于运用清洁生产技术,最大限度地减少天然资源与能源的消耗,并大量利用工业或城市固态废弃物作为原料。这类建材在生产过程中无毒害、无污染、无放射性,不仅有利于环境保护,更对人体健康形成积极保障。在智能绿色建筑的构建与发展中,绿色建材的应用正逐渐成为主流趋势。相较于传统建材,绿色建材在降低建筑对环境造成的负面影响方面展现出显著优势。它们通过减少原材料的开采与使用,有效缓解了资源压力,同时降低了生产过程中的能耗与碳排放。具体而言,诸如可再生木材、再生混凝土等绿色建材的广泛应用,不仅体现了循环经济的理念,也实现了建筑材料的可持续利用。这些建材在生产和使用过程中,注重与环境的和谐共生,减少了对自然生态的破坏,为构建低碳、环保、健康的建筑环境提供了有力支撑。

(二)建材循环利用技术

建材循环利用技术,作为一种创新的资源回收与再利用手段,专注于对建筑废弃物进行系统性的回收、加工及再投入使用过程。该技术旨在通过科学的方法,实现建筑材料在生命周期内的循环流动,进而有效降低建筑废弃物对环境的负担及排放量。在具体实践中,建材循环利用技术涵盖了从建筑拆除或改造中的砖块、混凝土等废弃物的收集与分类,到后续的加工处理的几乎所有环节。通过这些技术手段,废弃物得以被转化为具有再生价值的新型建材,如再生砖块、再生混凝土等。这些再生建材在性能上往往能够满足新建建筑的建设需求,从而在实现资源节约的同时,也促进了建筑行业的可持续发展。建材循环利用技术的推广与应用,不仅有助于减少自然资源的开采与消耗,还降低了建筑生产过程中的能耗与碳排放。此外,它还有利于推动建筑产业向循环经济模式转型,形成闭环的建材生产与使用体系,为构建绿色、低碳、环保的建筑环境提供了技术支撑。

三、生态建筑与生物建筑技术

(一)生态建筑技术

生态建筑技术,是将生态学的核心理念与原则融入建筑设计、建造及运营全过程中的一种技术创新。该技术强调建筑与自然环境的和谐融合与共生发展,致力于构建具备生态功能的建筑空间环境。在生态建筑技术的实践中,一系列生态设计手段被广泛应用。绿色屋顶作为一种有效的生态策略,不仅能够吸收并蓄存雨水,缓解城市排水压力,还能显著减少建筑的热岛效应,改善建筑周边的微气候环境,同时有助于改善空气质量,增加城市绿肺功能。垂直绿化则是又一项重要的生态建筑技术,它通过在建筑立面或阳台等空间种植植被,不仅美化了建筑外观,增强了建筑的艺术美感,还发挥了空气净化、噪声降低等多重生态效应。植被的光合作用能够吸收二氧化碳、释放氧气,有助于改善城市空气质量,营造更加宜居的生活环境。生态水景的设计也是生态建筑技术的重要组成部分,它通过模拟自然水循环,创造生态友好的水体环境,既丰富了建筑的景观层次,又提升了建筑的生态价值。

（二）生物建筑技术

生物建筑技术，是一种将生物学原理与现代建筑科技相融合的创新技术体系，它着眼于建筑与生物系统之间的相互作用与和谐共生，旨在通过生物学手段推动建筑的可持续发展。该技术体系在建筑设计、建造及运营的全过程中，充分融入了生物学的智慧与理念。在生物建筑技术的实践中，生物材料的应用成为一大亮点。这些材料来源于自然，具有生物可降解性，能够在建筑废弃后自然分解，显著降低建筑废弃物对环境的负担。同时，生物材料的采用也体现了建筑与自然环境的和谐融合，促进了资源的循环利用。此外，生物能源的开发与利用也是生物建筑技术的重要组成部分。微生物燃料电池等技术，使建筑过程中的有机废弃物得以转化为电能，为建筑提供清洁、可再生的能源支持。这种能源转换方式不仅减少了对传统能源的依赖，还降低了建筑运营过程中的碳排放，有助于缓解全球气候变化问题。

四、数字化与虚拟化技术

虚拟现实（VR）与增强现实（AR）技术，作为沉浸式技术的代表，为建筑领域带来了革新性的体验方式。在智能绿色建筑的设计与施工过程中，这两项技术发挥着至关重要的作用。VR技术以其高度模拟真实环境的能力，为建筑设计提供了可视化展示的新途径。VR技术使建筑内部的空间布局、光照效果以及各类细节均可得到精准模拟，为设计师和决策者提供了一个直观、全面的设计评估环境。这种沉浸式的设计体验，有助于发现设计中的潜在问题，优化设计方案，提升建筑的整体性能和用户满意度。AR技术则在施工现场发挥着实时指导与监控的重要作用。通过将虚拟信息叠加到真实世界中，AR技术能够为施工人员提供准确的施工指导和辅助信息，帮助他们更好地理解施工意图，确保施工的准确性和高效性。此外，AR技术还可用于对施工质量的实时监控，及时发现并纠正施工中的偏差，从而提高施工质量和效率。

五、模块化与预制建筑技术

（一）模块化建筑技术

模块化建筑技术，作为一种创新的建筑构造方法，其核心在于将建筑整体划分为一系列标准化的模块单元。这些模块在工厂环境中进行预制加工与组装，随后被运输至建筑现场进行高效的拼接与安装。此技术体系展现了诸多优势，包括施工周期的显著缩短、建筑质量的严格可控性以及建造成本的相对降低。在智能绿色建筑的范畴内,模块化建筑技术发挥着举足轻重的作用。它不仅能够加速低碳、可持续建筑的建造进程,还促进了建筑行业的绿色转型。通过采用模块化方式,建筑项目得以在工厂环境中完成大部分构造工作,减少了现场施工的环境影响,同时提高了建造效率。模块化建筑技术与可再生能源的结合,以及场外制造技术的应用,为净零住宅等绿色建筑项目提供了强有力的支持。这种建筑模式不仅优化了建造流程,还降低了资源消耗与环境污染,符合智能绿色建筑对于节能、环保与可持续发展的高要求。

(二)预制建筑技术

预制建筑技术,作为一种先进的建筑构造方式,其核心原理在于将建筑的各组成部分在工厂环境中进行预先制作与加工,随后将这些预制部件运输至建筑现场进行组装与安装。此技术以其显著的施工效率、质量的高度可控性以及减少现场施工对环境造成的负面影响等多重优势而备受瞩目。在智能绿色建筑的实践中,预制建筑技术发挥着至关重要的作用。它不仅能够通过精确控制建筑部件的尺寸与精度,有效减少建筑材料的浪费,提升资源利用效率,还为建筑的节能性能与环保性能的提升提供了有力支撑。具体而言,预制建筑部件在制造过程中,可以灵活地采用高效节能材料,如保温隔热性能优异的墙体材料、低辐射玻璃等,以及集成可再生能源设备,如太阳能光伏板、风力发电装置等。这些预制部件的应用,不仅简化了建筑施工流程,缩短了工期,还显著提高了建筑的能效水平,降低了建筑运营过程中的能源消耗与碳排放。因此,预制建筑技术不仅是推动建筑行业绿色转型的重要技术手段,也是实现建筑节能减排、促进可持续发展的有效途径。

第二节　智能建筑技术前沿

一、人工智能技术

人工智能技术作为智能建筑领域的重要支撑,扮演着实现建筑智能化控制的关键角色。该技术通过对建筑运行数据的深度剖析与挖掘,能够揭示建筑运营过程中潜在的异常与优化空间,为建筑的高效管理提供科学依据。在智能建筑的应用范畴内,人工智能技术展现出广泛的适用性。第一,在能耗管理层面,人工智能技术凭借强大的数据处理能力,能够构建能耗预测模型,通过对历史数据的学习与分析,预见性地调整建筑设备运行状态,进而实现对能源的精细化管理,提升建筑能效。第二,在设备维护方面,人工智能技术能够实时监测设备运行状态,通过算法分析预测设备故障,为及时采取维护措施提供预警,有效避免因设备故障导致的运营中断。

随着人工智能技术的持续进步,其在智能建筑中的应用将趋向更加智能化与自主化。技术的迭代升级将使得数据分析与预测能力更为精准,为建筑管理者提供更加全面、科学的决策辅助。人工智能将不仅仅局限于对当前数据的处理,更能通过深度学习等技术,挖掘数据背后的深层规律,为建筑的长期运营规划提供智慧支撑。同时,人工智能技术的自主化发展,将推动建筑设备从被动响应向主动适应转变,实现建筑系统的自我优化与调节,进一步提升建筑的智能化水平与运营效率。总之,人工智能技术作为智能建筑的核心驱动力,其未来发展前景广阔,将为建筑的智能化转型注入新的活力。

二、大数据技术

大数据技术作为智能建筑领域的重要支撑,是实现建筑管理数据化、决策科学化的基础。该技术能够高效收集、系统存储并深入分析建筑运行过程中产生的海量数据,这些数据涵盖了建筑的能耗状况、设备运行状态以及用户行为等多个维度,为建筑管理者提供了全面而详尽的信息支撑。在智能建筑的应用实践中,大数据技术展现出了其独特的应用价值。具体而言,大数据技术被广泛应用于能耗分析领域,通过对建筑能耗数据的深度挖掘,精准识别能耗热点及浪费环节,为制定针对性的节能措施提供科学依据。

随着大数据技术的持续发展和不断完善,其在智能建筑中的应用将更加深入且广泛。大数据技术将与物联网技术、人工智能技术等先进科技深度融合,共同构建起一个智能化、精细化的建筑管理体系。在这一体系中,大数据技术将作为核心驱动力,推动建筑管理向更加高效、智能的方向发展。通过实时收集、分析建筑运行数据,大数据技术将为建筑管理者提供更加精准、全面的决策支持,助力智能建筑实现更加绿色、可持续的发展目标。总之,大数据技术作为智能建筑数据驱动决策的核心基石,其未来发展前景广阔,将为建筑的智能化、精细化管理提供有力保障。

三、云计算技术

云计算技术作为信息技术领域的重要组成部分,为智能建筑提供了强大的计算与存储能力支撑。该技术允许将建筑运行过程中产生的数据上传至云端,进行集中处理与深度分析,从而有效减轻了本地服务器的运算负担,提升了数据处理的效率与灵活性。在智能建筑的应用场景中,云计算技术展现出了其广泛的应用潜力。具体而言,云计算技术被用于数据存储,能够实时、安全地保存建筑运行产生的海量数据;在数据分析方面,云计算平台凭借强大的计算能力,能够对数据进行快速、准确的处理,为建筑管理者提供及时、有效的信息支持。此外,云计算技术还实现了远程监控与管理功能,使得建筑管理者能够随时随地掌握建筑的运行状态,及时应对各种突发情况。随着云计算技术的持续进步与发展,其在智能建筑领域的应用将愈发普及与深入。未来,云计算技术将与边缘计算等先进技术紧密结合,形成更加高效、灵活的数据处理与分析体系。边缘计算能够在数据产生的源头进行初步处理,减轻云端负担,而云计算则负责进一步的数据分析与存储,两者相辅相成,共同提升智能建筑的数据处理能力。

四、边缘计算技术

边缘计算技术,作为一种将计算与数据存储功能贴近数据源的创新技术,正逐步在智能建筑领域展现其独特价值。该技术通过在建筑现场或邻近区域部署边缘服务器,实现对建筑运行数据的即时处理与分析,有效降低了数据传输至云端的时延,并减轻了网络带宽的压力。在智能建筑的应用实践中,边缘计算技术发挥着至关重要的作用。其应用场景涵盖了实时控制、数据预处理等多个方面。以智能安防系统为例,边缘计算技术能够直接处理摄像头捕获的视频数据,执行人脸识别、行为分析等复杂任务,显著提升了安防系统的响应速度与准确性,确保了建筑环境的安全与秩序。随着边缘计算技术的持续发展与完善,其在智能建筑领域的应用前景将更加广阔。未来,边缘计算技术将与云计算、人工智能等先进技术深度融合,共同构建起一个高效、智能的建筑管理体系。在这一体系中,边缘计算技术将负责数据的初步处理与分析,减轻云端的运算负担;而云计算则提供强大的数据存储与高级分析能力,支持更复杂的决策支持应用。

五、智能安防技术

智能安防技术作为智能建筑领域中的重要组成部分,是确保建筑安全性的关键手段。该技术融合了人脸识别、行为分析、视频监控等多种先进技术,旨在提升安防系统的准确率与效率,为建筑环境构筑起一道坚实的安全防线。在智能建筑的应用范畴内,智能安防技术已广泛渗透于门禁系统、监控系统、报警系统等多个环节。以门禁系统为例,通过集成人脸识别技术,系统能够迅速、准确地识别并验证人员身份,有效阻挡未经授权的人员进入,从而显著增强门禁系统的安全性与可靠性。随着智能安防技术的持续进步与创新,其在智能建筑中的应用将呈现出更加智能化、自主化的趋势。未来,智能安防技术将不断突破现有技术瓶颈,实现更加精准的人员识别与行为分析。通过深度学习等先进算法,系统将能够更准确地识别个体特征,区分正常行为与异常行为,为建筑管理者提供更为全面、及时的安全预警信息。此外,智能安防技术还将与其他智能建筑技术深度融合,共同构建起一个高效、协同的安全保障体系。在这一体系中,智能安防技术将发挥其核心作用,为建筑提供全方位、多层次的安全防护,确保建筑环境的安全与和谐。

六、智能照明技术

智能照明技术,作为智能建筑领域中的一项重要技术,对于提高建筑环境的舒适度与实现节能效果具有显著作用。该技术通过集成智能传感器、调光器等先进设备,能够依据室内外光线强度的变化以及人员活动的实际情况,自动调节照明的亮度与颜色,以满足不同场景下的照明需求。在智能建筑的应用实践中,智能照明技术被广泛应用于办公室、会议室、走廊等多个区域。以办公室为例,智能照明系统能够根据员工的工作状态以及室内外光线的实时变化,自动调节照明亮度,既保障了工作环境的舒适度,又有效实现了节能目标。这种智能化的照明控制方式,不仅增强了建筑的使用体验,还降低了能源消耗,符合绿色建筑的发展理念。随着智能照明技术的持续进步与创新,其在智能建筑中的应用将愈发普及与深入。未来,智能照明技术将与物联网、人工智能等前沿技术紧密融合,共同推动照明控制的智能化、个性化发展。通过物联网技术,智能照明系统能够实现与建筑内其他智能设备的互联互通,形成更加协同、高效的建筑管理系统。而人工智能技术的融入,则将使照明控制更加精准、智能,能够根据用户的偏好与习惯,提供个性化的照明服务。

七、绿色建材与循环利用技术

绿色建材与循环利用技术,作为智能建筑领域推进环境保护与资源节约的关键手段,对于实现建筑的可持续发展具有至关重要的作用。该技术体系侧重于采用可再生材料、环保材料等绿色建材,并辅以建材循环利用技术,旨在减少建筑全生命周期对环境的影响,并有效降低资源消耗。在智能建筑的应用范畴中,绿色建材与循环利用技术广泛渗透于建筑墙体、屋顶、地面等多个关键部位。通过选用可再生木材、再生混凝土等环保性能优异的绿色建材,建筑在源头上即减少了对自然资源的依赖与环境负担。随着绿色建材与循环利用技术的持续进步,其在智能建筑中的应用前景将更加广阔且深入。未来,这一技术体系将与建筑设计、施工技术等紧密融合,共同推动建筑建设的环保化与高效化。

第三节　绿色建筑技术前沿

一、节能技术

(一)高效隔热与保温技术

高效隔热与保温技术在绿色建筑体系中占据核心地位,是提升建筑能效与可持续性的关键要素。此类技术通过集成应用前沿隔热与保温材料,显著抑制建筑围护结构内外的热传导过程,进而实现能源消耗的实质性降低。气凝胶、真空隔热板等新型材料凭借其卓越的隔热效能,在热工性能优化方面展现出显著优势。这些先进材料通过微观结构设计与材料科学的创新突破,形成了高效的热阻屏障。其独特的孔隙结构与低导热系数特性,使得热量传递路径被有效阻断,在极端气候条件下仍能维持室内热环境的稳定性。这种热工性能的提升直接减少了建筑对主动式空调与供暖系统的依赖,通过被动式热环境调控策略,实现了建筑能耗的源头控制。从建筑全生命周期视角分析,高性能隔热与保温材料的应用不仅降低了运行阶段的能源消耗,更通过减少冷热桥效应与热应力集中,延长了围护结构的使用寿命。其材料特性与构造方式协同作用,形成了多维度的热工防护体系,在提升建筑空间舒适度的同时,契合了绿色建筑对资源节约与环境友好的双重诉求。此类技术的深化应用需结合建筑热工设计原理与材料科学进展,通过跨学科协同创新持续优化材料性能与构造工艺。

(二)自然通风与采光技术

自然通风与采光技术作为被动式建筑环境调控的核心策略,通过建筑本体设计与空间组织的优化,实现了室内物理环境的自适应调节。此类技术体系依托建筑形态构成逻辑与流体力学原理,通过天窗、风塔、中庭等垂直贯通空间的合理布局,构建自然通风路径,有效降低机械通风系统的运行依赖。其本质在于利用风压与热压的耦合效应,形成有序的空气流动模式,在过渡季节及适宜气候条件下可完全替代主动式通风设备。自然采光技术的实施则基于光环境模拟与建筑朝向优化,通过侧窗、天窗、光导管等采光构件的协同设计,将日光资源转化为室内照明能源。该技术不仅减少了人工照明能耗,更通过光谱特性与照度分布的精准调控,改善了室内视觉环境质量。建筑遮阳构件与反光材料的集成应用,进一步提升了自然光的利用效率,避免了眩光与过热现象的产生。从建筑性能提升维度分析,自然通风与采光技术的耦合作用显著改善了室内热湿环境与空气质量,降低了病态建筑综合征的发生概率。其被动式调控特性减少了设备系统的初投资与运维成本,同时契合了绿色建筑对低碳排放与资源循环利用的诉求。

(三)智能遮阳与光照调节技术

智能遮阳与光照调节技术依托环境感知与动态响应机制,通过集成光敏传感器、热敏元件及自动化执行机构,实现了建筑围护结构光学性能的主动调控。该技术体系基于光谱辐射特性与热工参数的实时监测,通过算法模型驱动遮阳构件的角度调节与透光率控制,在动态平衡室内光热环境的同时,优化了建筑能耗表现。其核心在于建立环境变量与调控策略的映射关系,使遮阳设施可根据太阳高度角、辐射强度及室内外温差等参数进行自适应调整。在光环境控制层面,该技术通过分级调光与定向遮阳的协同作用,有效抑制了直射眩光与二次反射光污染,同时维持了室内照度均匀度与显色性指标。热工性能方面,动态遮阳系统通过减少围护结构的热与冷负荷启动,降低了空调系统的峰值能耗需求。这种被动式调控策略与主动式 HVAC 系统的耦合运行,显著提升了建筑整体能效水平。从建筑性能优化视角分析,智能遮阳与光照调节技术不仅改善了室内视觉舒适度与热湿环境品质,更通过光热耦合调控机制延长了非人工照明时段。其技术实施需结合建筑朝向、窗墙比及功能分区等设计要素,通过模拟分析与实测验证,建立多目标优化控制策略。

二、环保材料

(一)绿色建筑材料

绿色建筑材料作为可持续建筑实践的核心要素,其本质特征体现在全生命周期环境负荷的显著降低。此类材料通过原料获取、加工制造、服役使用及废弃处置等环节的协同优化,实现了资源消耗与生态影响的双重控制。其典型属性包括可再生原料的优先利用、物质循环路径的闭环构建以及生物降解能力的内在赋予,这些特性共同构成了绿色建材的环境友好性基础。在物质流分析框架下,竹材、再生聚合物及天然矿物等典型绿色建材展现出显著的环境效益。其原料体系通过农林废弃物资源化利用与工业固废再生技术,有效缓解了原生资源开采压力;产品制造过程采用低碳工艺与清洁能源,降低了过程排放强度;服役阶段则通过长寿命设计与功能保持,减少了材料更替频率;最终处置环节依托可降解特性或高回收价值,实现了物质流的良性循环。从建筑系统层面考察,绿色建材的应用不仅减少了隐含能量与碳足迹,更通过材料性能优化提升了建筑本体的环境适应性。其低导热系数、高蓄热能力及光催化自清洁等特性,协同促进了建筑能效提升与室内环境质量改善。这种材料—建筑—环境的协同作用机制,使得绿色建材成为实现建筑碳中和目标的关键技术路径。

(二)低挥发性有机化合物材料

挥发性有机化合物(VOCs)作为建筑材料中典型的环境污染物,其释放特性对人体健康与生态系统构成显著威胁。低 VOC 材料通过源头控制策略,采用替代性原料配方与清洁生产工艺,显著降低了醛类、酮类等有害物质的释放速率与累积浓度。此类材料的环境友好性源于分子结构设计与化学转化过程的优化,在保持材料功能特性的同时,实现了有害物质释放的定向抑制。在建筑装修与家具制造领域,低 VOC 材料体系已形成系统化解决方案。以水性涂料为例,其通过树脂基体改性与成膜助剂优化,使 VOC 含量较传统溶剂型涂料降低;无溶剂型胶黏剂则采用本体聚合工艺与辐射固化技术,在提升黏结强度的同时消除了小分子挥发物释放。这些材料的应用不仅改善了室内空气质量参数,更通过降低二次有机气溶胶生成潜势,缓解了区域大气复合污染问题。该类材料的研发需建立多尺度评价体系,涵盖原料毒性评估、过程排放监测及产品性能验证等环节。通过材料基因组技术与计算地理学方法的结合,可加速低 VOC 材料的创新迭代,为可持续建筑环境构建提供技术支撑。

(三)高性能复合材料

高性能复合材料通过多相体系协同强化机制,将异质组分在纳米至宏观尺度进行复合设计,形成兼具组分优势与界面协同效应的新型材料体系。此类材料通过组分选择与结构调控,实现了力学性能、耐候性及环境适应性的协同提升,其比强度、比模量等关键指标较传统材料显著提高。在分子层面,增强相与基体相的化学键合与物理嵌锁作用,构建了多维增强网络结构;在宏观尺度,组分分布梯度与界面过渡区的优化设计,有效抑制了微裂纹扩展与环境介质侵蚀。绿色建筑领域的应用中,高性能复合材料通过功能—结构一体化设计,实现了建筑部件性能跃升。在结构构件方面,纤维增强复合材料的高比强度特性显著降低了自重荷载,同时其耐腐蚀性能延长了结构使用寿命;外墙与屋顶系统采用夹层复合结构,通过芯材的隔热性能与面板的耐候性能协同,提升了围护结构的热工效率与抗风揭能力。此类材料的环境友好性体现在全生命周期维度:原料制备阶段采用再生纤维与生物基树脂,降低了化石资源消耗;服役阶段通过自清洁表面与光催化降解功能,减少了维护能耗与污染物排放;废弃处置阶段则可通过热解回收与机械再生实现物质循环。

(四)生态混凝土

生态混凝土作为新型功能建材,通过多孔结构设计与表面改性技术,实现了工程性能与生态功能的协同统一。其内部连通孔隙体系在保持力学强度与耐久性的同时,为植物根系穿透提供了生长通道,形成了结构—植被复合生态系统。这种材料创新突破了传统混凝土密实成型的固有模式,通过微观孔结构优化与宏观植被配置,构建了具有生物相容性的建筑界面。在材料性能方面植物根系与混凝土基体的机械互锁作用,进一步增强了界面黏结性能,提升了结构体系的抗裂性与抗冲蚀能力。生态功能实现层面,该材料通过植被层构建形成了立体绿化体系。草本植物根系在孔隙中的延伸扩展,不仅固化了表层土壤,更通过蒸腾作用调节微气候。这种生态—工程复合系统显著增加了城市绿量,为生物多样性保护提供了栖息地,同时缓解了城市热岛效应与雨水径流污染。材料制备需建立多目标优化模型,平衡孔隙率、强度与植被生长需求。通过数字图像处理技术与分形理论,可精准调控孔隙结构参数;结合植物生理生态特性,筛选适生植物品种,形成可持续的植被—混凝土共生系统。

三、智能控制系统

(一)建筑自动化系统

建筑自动化系统作为智能建筑中枢调控体系,通过多源异构设备集成与协同控制,实现了建筑环境参数的动态优化。该系统基于物联网架构与分布式控制技术,将暖通空调、照明、给排水等子系统纳入统一监控平台,通过标准化通信协议实现设备状态感知与指令传输。其核心功能在于构建环境变量与设备参数的映射关系,依据实时采集的温湿度、光照强度、人员密度等数据,运用智能算法进行设备运行状态的自适应调整。在能源管理维度,建筑自动化系统通过预测性控制与模型优化策略,显著降低建筑能耗。基于热工模型与能耗数据库的联合仿真,系统可提前预判负荷变化趋势,动态调整设备运行组合与设定参数。例如,在过渡季节通过焓值控制算法实现自然能源的最大化利用,在人员密集区域采用需求响应机制优化照明功率密度。系统架构层面,BAS采用分层分布式设计,包含现场控制层、网络通信层与中央管理层。边缘计算节点的部署实现了数据本地化处理与故障快速响应,5G/NB-IoT等无线通信技术保障了海量设备节点的可靠接入。通过数字孪生技术构建的建筑信息模型,可实时映射物理系统运行状态,为运维决策提供可视化支持。

(二)智能楼宇管理系统

智能楼宇管理系统作为建筑智能化技术的集成创新,实现了建筑自动化系统的功能跃迁与维度扩展。该系统基于物联网架构与云计算平台,将环境控制、设施管理、安全监控及信息服务等子系统纳入统一数据中枢,通过标准化接口协议与语义互操作技术,构建了跨域信息融合与协同决策体系。其核心价值在于打破传统建筑管理的信息孤岛,通过多源异构数据的关联分析与挖掘,形成建筑运行状态的全面感知与智能响应能力。在功能集成层面,IBMS系统通过设备抽象层与业务逻辑层的解耦设计,实现了 BAS 系统环境调控功能与物业管理系统资源调配、安防系统风险预警、信息服务系统用户交互的深度耦合。基于数字孪生技术构建的建筑三维可视化模型,可实时映射设备运行状态、人员活动轨迹及能源流动路径,为管理者提供多维决策支持。系统架构采用微服务化设计,通过容器化部署与边缘计算节点协同,保障了高并发场景下的系统稳定性。知识图谱技术的应用则实现了故障模式的智能诊断与预案推荐,显著降低了运维人员专业门槛。在信息安全维度,系统构建了多层防御体系,通过区块链技术实现数据溯源与访问控制,有效抵御网络攻击与信息泄漏风险。

(三)人工智能与机器学习

人工智能与机器学习技术在绿色建筑领域展现出显著的应用潜力,通过数据驱动的智能决策机制重塑建筑环境调控模式。基于多源异构数据融合技术,AI 系统可构建建筑能耗的数字孪生模型,通过时序模式识别与深度特征提取,揭示建筑能耗动态特性与潜在优化空间。卷积神经网络与长短期记忆网络的联合应用,实现了能耗趋势的精准预测与异常模式检测。机器学习技术则聚焦于建筑设备自适应控制,通过强化学习算法构建环境参数与设备状态的动态映射关系。Q-learning 与深度确定性策略梯度算法的结合,使空调系统、照明设备等能够根据实时负荷需求与使用者偏好,自主调节运行参数。这种基于上下文感知的调控策略,可以有效地维持室内环境质量,同时降低设备能耗。联邦学习框架的引入进一步提高了模型泛化能力,通过分布式数据训练实现个性化服务。技术实施层面,需构建建筑信息物理系统,实现传感器网络、边缘计算节点与云端平台的协同工作。数字孪生体与物理系统的虚实交互,为控制策略优化提供了安全沙盒环境。特征工程与模型解释性技术的结合,则保障了决策过程的透明性与可信度。

第四节 新兴技术的应用前景与挑战

一、应用前景

(一)绿色建材与循环利用技术深化应用

绿色建材与循环利用技术是智能绿色建筑实现可持续发展的重要保障。随着技术的不断进步,绿色建材的种类与性能将不断提升,如生物基材料、高性能保温隔热材料、可再生混凝土等。这些材料不仅具有优异的环保性能,还能在建筑的全生命周期内显著降低能源消耗和碳排放。同时,建材循环利用技术将得到更广泛的应用,通过回收和加工建筑废弃物,制成再生建材用于新建建筑中,实现资源的循环利用。未来,绿色建材与循环利用技术将与建筑设计、施工技术等深度融合。在建筑设计阶段,设计师将更加注重材料的环保性能与循环利用潜力,通过优化建筑设计,减少材料的浪费和环境污染。在施工技术方面,将探索更多创新性的建材使用与循环利用方法,提高资源利用效率,降低建筑建设过程中的环境压力。

(二)智能化系统的集成与优化

智能化系统是智能绿色建筑的核心组成部分,包括智能照明系统、智能安防系统、智能温控系统等。这些系统通过集成传感器、控制器、通信设备等硬件,结合物联网、大数据、人工智能等先进技术,实现对建筑内各种设备与环境因素的实时监控与智能调控。未来,智能化系统将朝着更加集成化、智能化的方向发展。一方面,系统将实现更全面的设备集成,将建筑内的照明、安防、温控等系统无缝连接,形成统一的智能管理平台。通过平台,用户可以对建筑内的各种设备进行远程监控与调控,提高管理的便捷性与效率。另一方面,系统将利用大数据与人工智能技术,对建筑内的各种数据进行深度分析,挖掘数据背后的规律与模式,为智能调控提供科学依据。例如,智能照明系统可以根据室内外光线强度、人员活动情况等因素自动调节照明亮度与颜色,既保障舒适度又实现节能目标;智能安防系统则可以通过人脸识别、行为分析等技术,提高安防的准确性与效率。

(三)能源管理系统的智能化升级

能源管理系统是智能绿色建筑实现节能目标的关键。通过集成传感器、控制器、计量设备等硬件,结合物联网、大数据等技术,能源管理系统可以实时监测建筑内的能源消耗情况,对能源使用进行优化调控。未来,能源管理系统将朝着更加智能化、精细化的方向发展。一方面,系统将实现更全面的能源数据采集与监测,覆盖建筑内的电力、水、燃气等各种能源类型,为能源管理提供全面的数据支持。另一方面,系统将利用大数据与人工智能技术,对能源使用数据进行深度分析,挖掘能源消耗的规律与模式,为节能优化提供科学依据。例如,系统可以根据室内外温度变化、人员活动情况等因素自动调节空调温度与风量,实现节能目标;还可以根据电价波动情况,优化用电策略,降低用电成本。此外,随着可再生能源技术的不断发展,智能绿色建筑将更加注重可再生能源的集成与应用。通过集成太阳能光伏板、风力发电设备等可再生能源设施,智能绿色建筑可以实现能源的自给自足,降低对传统化石能源的依赖。

（四）用户体验的智能化提升

智能绿色建筑通过环境性能优化与用户体验升级的协同创新,构建了人—建筑—环境多维交互的新型空间范式。该系统基于物联网感知网络与边缘计算技术,实现了建筑环境参数与用户行为数据的实时融合,通过动态需求响应机制提升居住品质。其核心在于建立用户需求模型与环境调控策略的映射关系,利用多模态传感器阵列采集生理信号、活动轨迹等微观数据,结合环境温湿度、光照强度等宏观参数,构建分层递阶的决策体系。在需求感知维度,系统采用无监督学习算法对用户行为模式进行聚类分析,通过隐马尔可夫模型预测用户状态转换概率,实现环境参数的预调节。服务智能化层面,系统整合知识图谱与迁移学习技术,构建用户画像与场景库。通过联邦学习框架实现跨用户数据协同,提升个性化服务的泛化能力。娱乐服务系统采用情感计算模型,根据面部表情识别与语音情感分析,自动推荐符合用户心境的多媒体内容。这种认知增强型服务使居住空间具备类人化交互能力,显著提升用户满意度与空间黏性。技术演进需突破多源异构数据融合、隐私保护与实时决策等关键技术瓶颈。

二、智能绿色建筑新兴技术的挑战

（一）技术集成与兼容性的挑战

智能绿色建筑的技术集成面临跨域异构系统协同的重大挑战,其核心矛盾源于多源技术体系在通信语义与功能架构层面的非兼容性。物联网、大数据与人工智能等技术的融合需突破协议栈异构性、数据模型差异性与功能协同复杂性三重壁垒。在通信层面,ZigBee、Wi-Fi、LoRa 等多元协议并存导致设备互操作存在协议转换开销,据测算,典型建筑自动化系统中协议转换延迟严重影响系统实时性。数据格式的非标准化则造成语义鸿沟,不同系统间的数据交换需依赖定制中间件,信息损耗率过高。功能协同方面,环境调控子系统与能源管理子系统存在目标冲突与约束耦合。例如,智能温控系统需平衡热舒适性与能耗指标,而照明系统需协调照度需求与视觉舒适度,二者在动态响应过程中易产生控制冲突。这种多目标优化问题涉及非线性约束耦合,传统控制架构难以实现全局最优。技术突破需构建分层解耦的集成框架,在物理层采用协议适配网关实现多协议融合,在数据层建立统一信息模型消除语义歧义,在应用层开发多智能体协同算法解决功能冲突。

(二)数据安全与隐私保护面临的挑战

智能绿色建筑的数据生态面临安全与隐私的双重挑战,其根源在于数据全生命周期各环节的安全防护体系尚不完善。在数据采集与传输阶段,传感器网络存在物理层攻击面,无线通信信道易遭受中间人攻击与重放攻击,导致环境参数、设备状态等敏感数据在传输过程中发生完整性破坏或机密性泄露。数据存储与处理环节则面临内部威胁与推理攻击风险。云平台中多租户环境下的数据隔离失效,可能引发跨用户数据泄露;而基于时间序列分析的能耗数据,通过关联挖掘可推断用户行为模式,造成隐私泄露。安全防护需构建纵深防御体系,在传输层采用量子密钥分发与同态加密技术,实现数据端到端保密性与完整性保护;在存储层部署属性基加密与区块链技术,确保数据访问控制与不可篡改。隐私保护方面,应建立差分隐私机制与 k-匿名化模型,对敏感数据进行扰动处理,在保持数据可用性的同时降低隐私泄漏风险。

(三)成本控制与经济效益的挑战

智能绿色建筑的经济可行性面临全生命周期成本优化的重大课题,其核心矛盾源于增量投资与长期收益之间的动态平衡难题。绿色建材的高性能特性与智能化系统的复杂架构导致初始投资较传统建筑增加,其中相变储能材料、光伏一体化构件等新型建材的单位成本溢价高于传统材料。运营阶段则面临双重成本压力:能源管理系统需持续投入 AI 算法优化与设备升级费用,智能化系统维护则涉及多厂商设备兼容性与软件授权等隐性成本。成本优化需构建全要素生产率提升框架,在规划设计阶段采用参数化设计与装配式建筑技术,通过标准化构件生产与现场快速组装,将施工周期缩短,显著降低时间成本与现场管理成本。全生命周期成本分析显示,模块化建造可使单位面积建造成本降低。运营模式创新方面,应发展能源服务契约化机制,通过合同能源管理(ESCO)模式实现能源费用与节能效益的风险共担。基于数字孪生的能源审计系统可精准预测节能潜力,结合区块链智能合约构建可信的收益分配机制。

(四)用户体验与接受度的挑战

智能绿色建筑的技术扩散面临用户认知与行为适配的双重挑战,其本质在于技术复杂性与用户心智模型之间的非对称性。物联网、大数据与人工智能等创新技术的集成应用,虽显著提升了建筑环境调控效能,但技术黑箱特性导致用户存在认知断层。交互体验层面,多模态控制界面与复杂决策算法形成操作壁垒。典型智能照明系统需用户掌握场景模式切换、色温调节等参数设置,而环境色适应算法的动态响应机制缺乏可视化反馈,导致用户产生失控感与挫败感。神经认知学研究表明,当系统操作复杂度超过用户工作记忆容量时,认知负荷将呈指数级增长,引发技术规避行为。用户体验优化需构建认知—行为协同框架。在认知维度,应开发技术具身化传播策略,采用三维可视化仿真与类比隐喻表达,将抽象算法转化为可感知的环境变化过程。例如,通过增强现实(AR)技术展示建筑能耗流动路径,使用户形成对技术效能的具身认知。在行为维度,需实施交互设计扁平化改造,运用自然语言处理与手势识别技术,将复杂操作转化为直觉化交互。

参 考 文 献

［1］《绿色建筑》编写组.绿色建筑［M］.北京:中国计划出版社,2008.

［2］张国强.建筑可持续发展技术［M］.北京:中国建筑工业出版社,2008.

［3］张丽丽.绿色建筑设计［M］.重庆:重庆大学出版社,2022.

［4］范渊源,董林林,户晶荣.现代建筑绿色低碳研究［M］.长春:吉林科学技术出版社,2022.

［5］梅晓莉,王波.智能建筑楼宇自控系统研究［M］.北京:中国纺织出版社,2023.

［6］陈浩.绿色建筑施工与管理(2022)［M］.北京:中国建材工业出版社,2022.

［7］刘令湘.可再生能源在建筑中的应用集成［M］.北京:中国建筑工业出版社,2012.

［8］袁庆铭.建筑施工项目管理与 BIM 技术［M］.北京:中国纺织出版社,2022.

［9］董惠.智能建筑［M］.武汉:华中科技大学出版社,2008.

［10］宫周鼎.智能建筑设计与建设［M］.北京:知识产权出版社,2001.

［11］秋璐.光伏发电技术在智能绿色建筑中的应用研究［J］.中国高新科技,2023(21):53-55.

［12］宿素美.构建智能化绿色建筑过程中低耗节能理念的应用［J］.居业,2023(10):194-195.

［13］王乾坤.建筑设计中的绿色建筑技术的应用与优化措施［J］.居舍,2023(15):98-101.

［14］刘文慧.智能建筑与绿色建筑融合的实践路径探究［J］.中国建筑装饰装修,2023(4):72-74.

［15］孙云欣,孙云岳,丁云萧,等.浅析 BIM 技术在绿色智能建筑全生命周期中的应用［J］.浙江建筑,2022,39(4):57-59.

［16］许阳.绿色智能建筑技术发展应用［J］.城市建筑空间,2022,29(S1):140-142.

［17］刘海.建筑设计中绿色建筑技术优化与对策研究［J］.工程建设与设计,

2022,（03）：49-51.

［18］邱彬.绿色建筑与智能建筑的融合发展策略［J］.住宅与房地产,2021,
（34）：82-83.

［19］姚景杰.智能建筑暖通空调系统优化策略探讨［J］.中国建筑金属结构,
2021,（06）：118-119.

［20］徐昆,程志军,孙大明,等.智慧建筑特征指标与内涵研究［J］.智能建筑,
2021,（03）：75-80.

［21］张适阔.光伏发电在智能绿色建筑中的应用［J］.科技创新与应用,2020,
（36）：167-168.

［22］张风超.智能绿色建筑中楼宇自控系统的设计［J］.房地产世界,2020,
（19）：49-50.

［23］秦国军.浅析建筑设计的绿色建筑设计要点［J］.居业,2019,（08）：
32-33.

［24］王建利,罗剑波.绿色建筑与智能建筑发展及联合应用研究［J］.山西筑,
2012,38（29）：17-18.

［25］陈诗.智能化绿色建筑施工中低耗节能理念的应用［J］.智能建筑与智慧
城市,2022,（02）：118-120.

［26］王斌.建筑施工智能化与绿色施工管理研究［J］.城市建设理论研究（电
版）,2023,（14）：42-44.

［27］陈丽.基于BIM技术的绿色智能建筑设计方法［J］.智能建筑与智慧城
市,2021,（08）：100-101.